国家中等职业教育改革发展示范校建设系列教材

工程识图实训

主 编　于 兵

副主编　魏明媛　张 仁　宋振宇　李 岩

　　　　聂新华　王洪利　孟淑芳

主 审　吕海臣

U0212843

中国水利水电出版社
www.waterpub.com.cn

内 容 提 要

本教材是国家中等职业教育改革发展示范校建设系列教材之一。本教材以实际施工设计工程图样为基础，结合相关水利工程制图标准、教学适宜顺序，将教学内容分为水利工程识图基础知识、水利工程识图实训（包括渠首、水闸、泵站、水库、渠道）、房屋建筑工程识图、桥梁工程识图和道路工程识图，完整、全面地涵盖了工程识图知识规范性内容。

本教材既可作为中等职业教育水利水电工程施工专业及专业群的教材，也可作为水利工程施工员、水利工程施工内业员等的水利行业培训教材，同时也可供其他建筑企业有关施工技术人员和管理人员参考使用。

图书在版编目（ＣＩＰ）数据

工程识图实训 / 于兵主编. -- 北京 ：中国水利水
电出版社，2014.7
国家中等职业教育改革发展示范校建设系列教材
ISBN 978-7-5170-2302-9

Ⅰ. ①工… Ⅱ. ①于… Ⅲ. ①工程制图－识别－中等
专业学校－教材 Ⅳ. ①TB23

中国版本图书馆CIP数据核字(2014)第181749号

书 名	国家中等职业教育改革发展示范校建设系列教材 **工程识图实训**
作 者	主 编 于兵 副主编 魏明媛 张仁 宋振宇 李岩 聂新华 王洪利 孟淑芳 主 审 吕海臣
出版发行	中国水利水电出版社 （北京市海淀区玉渊潭南路1号D座 100038） 网址：www.waterpub.com.cn E－mail：sales@waterpub.com.cn 电话：(010) 68367658（发行部）
经 售	北京科水图书销售中心（零售） 电话：(010) 88383994、63202643、68545874 全国各地新华书店和相关出版物销售网点
排 版	中国水利水电出版社微机排版中心
印 刷	北京瑞斯通印务发展有限公司
规 格	370mm×260mm 横8开 16印张 389千字
版 次	2014年7月第1版 2014年7月第1次印刷
印 数	0001—3000册
定 价	**38.00元**

黑龙江省水利水电学校教材编审委员会

主　任：刘彦君（黑龙江省水利水电学校）

副主任：王永平（黑龙江省水利水电学校）

　　　　张　丽（黑龙江省水利水电学校）

　　　　赵　瑞（黑龙江省水利水电学校）

委　员：张　仁（黑龙江省水利水电学校）

　　　　王　安（黑龙江省水利水电学校）

　　　　袁　峰（黑龙江省水利水电学校）

　　　　魏延峰（黑龙江省水利第二工程处）

　　　　马万贵（大庆防洪工程管理处）

　　　　吕海臣（齐齐哈尔中引水利工程有限责任公司）

　　　　张　娜（哈尔滨第一工具厂）

　　　　李状桓（黑龙江傲立信息产业有限公司）

　　　　杨品海（广州数控设备有限公司）

　　　　武彩清（山西华兴科软有限公司）

　　　　周广艳（北京斐克有限公司）

　　　　陈　侠（湖北众友科技实业有限公司）

　　　　凌　宇（哈尔滨东辰科技股份有限公司）

　　　　石　磊（哈尔滨工业大学软件工程股份有限公司）

本书编审人员

主　　编：于　兵（黑龙江省水利水电学校）

副主编：魏明媛（黑龙江省水利水电学校）

　　　　张　仁（黑龙江省水利水电学校）

　　　　宋振宇（黑龙江省水利水电学校）

　　　　李　岩（黑龙江省水利水电学校）

　　　　聂新华（黑龙江省水利水电学校）

　　　　王洪利（黑龙江省水利水电学校）

　　　　孟淑芳（黑龙江省水利水电学校）

主　　审：吕海臣（齐齐哈尔中引水利工程有限责任公司）

前 言

本教材是"国家中等职业教育改革发展示范校建设计划项目"中央财政支持重点建设"水利水电工程施工"专业课程改革系列教材之一。

本教材结合中职学生的特点和知识层面，针对学生知识基础薄弱，思考不够深入，又考虑到水利工程识图知识专业性强、图量大、工程图样细部结构繁琐、对施工工作影响大等特点，编者从基础入手，遵循逐步逐层深入细致的渐进式认知的规律，结合岗位要求和职业标准，将原学科体系进行整理归纳，对工作中所需要的识读水工建筑物图形、建筑工程图等知识、能力和素质进行强化，即将工程类图样及相关知识整理为以水利工程识图为主，兼有房屋建筑工程识图、桥梁工程识图、道路工程识图并提的全面工程图样识图应用型教学材料。

本教材以实际施工设计工程图样为基础，结合相关水利工程制图标准、教学适宜顺序，将教学内容分为水利工程识图基础知知、水利工程识图实训（其中包括渠首、水闸、泵站、水库、渠道）、房屋建筑工程识图、桥梁工程识图和道路工程识图，完整、全面地涵盖了工程识图知识规范性内容。

本教材从实际出发，通俗易懂，语言平实。在理论讲解的同时，引用了近年来一些著名工程的实例，使学生在学习过程中能够更好地理解所学知识。突出了"以就业为导向、以岗位为依据、以能力为本位"的思想。

本教材是国家中等职业教育改革发展示范校建设的成果之一，由该课程的建设团队完成。

由于水平有限，书中难免存在不足与缺点，恳请各位使用者不吝赐教，提出宝贵意见或建议。编者在此表示衷心感谢。

编 者

2014 年 3 月

目录

第一篇　水利工程识图基础知识

一、水利水电工程制图标准

工程技术中，根据投影原理及国家标准规定，表示工程对象的形状、大小以及技术要求的图，称为工程图样。

工程图样是工程与产品信息的载体，是工程界表达、交流的语言。工程图样是现代生产中重要的技术文件。

在工程技术中，工程图样不仅是指导生产的重要技术文件，也是进行技术交流的重要工具，所以工程图样有"工程界的语言"之称。图样的绘制和阅读是工程技术人员必须掌握的一种技能。为了便于生存和技术交流，使绘图和读图有一个共同的准则，就必须在图样的画法、尺寸标注及采用的符号等方面制定统一的标准。本书采用的是我国1993年颁布的国家标准《技术制图》及1995年由水利部颁发的《水利水电工程制图标准》(SL 73—1995)。

在理工科的学习中，研究工程图样的阅读的课程称为工程识图。

（一）图纸幅面

图纸的幅面及图框尺寸应符合表1-1的规定。

表1-1　　　　基本幅面及图框尺寸

幅面代号	A0	A1	A2	A3	A4
$B \times L$	841×1189	594×841	420×594	297×420	210×297
e	20		10		
C	10			5	
a	25				

必要时允许选用表1-2和表1-3所规定的加长幅面，这些幅面的尺寸是由基本幅面的短边成整数倍增加后得出，如图1-1所示。

表1-2　　　　加长幅面（第二选择）

幅面代号	A3×3	A3×4	A4×3	A4×4	A4×5
$B \times L$	420×891	420×1189	297×630	297×841	297×1051

图1-1中粗实线所示为表1-1所规定的基本幅面（第一选择）；细实线所示为表1-2所规定的加长幅面（第二选择）；虚线所示，为表1-3所规定的加长幅面（第三选择）。

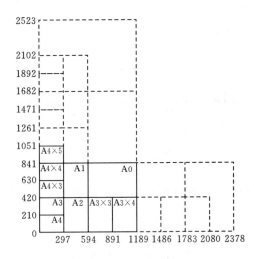

图1-1　图幅加长

表1-3　　　　加长幅面（第三选择）

幅面代号	A0×2	A0×3	A1×3	A1×4	A2×3	A2×4	A2×5
$B \times L$	1189×1682	1189×2523	841×1783	841×2378	594×1261	594×1682	594×2102
幅面代号	A3×5	A3×6	A3×7	A4×6	A4×7	A4×8	A4×9
$B \times L$	420×1486	420×1783	420×2080	297×1261	297×1471	297×1682	297×1892

无论图样是否装订，均应画出图框和标题栏。图框用粗实线绘制，线宽为$(1\sim1.5)b$，如图1-2所示。

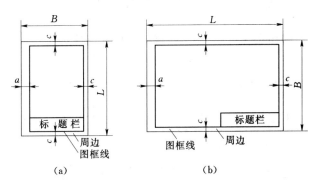

图1-2　图框和标题栏

必要时图幅可分区，如图1-3所示。

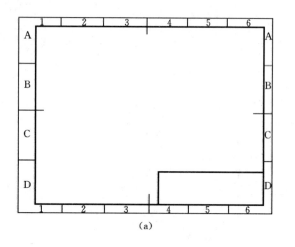 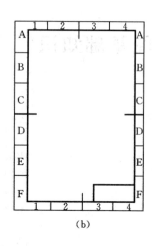

(a)   (b)

图1-3 图幅分区

图幅分区的数目应是偶数，按图样的复杂程度来确定。分区线为细实线，每一分区的长度应在25～75mm之间选取。

在分区内按标题栏的长边方向，从左到右用直体阿拉伯数字依次编号；按标题栏的短边方向，从上到下用大写直体拉丁字母依次编号。编号顺序应从图纸的左上角开始，并在对应的边上重编一次，如图1-3所示。

当图幅的分区数超过字母的总数时，超过的各区用双重字母（AA、BB、CC、…）依次编写。

分区代号用数字和字母表示，拉丁字母在左，阿拉伯数字在右，如B3、C5。

需要缩微复制图纸，其一个边上应附有一段准确的米制尺度（标尺），四个边上应附有对中标志。米制尺度（标尺）的总长应为100mm，分格应为10mm。对中标志应画在幅面线的中点处，用粗实线绘制，从周边画入图框内约5mm，如图1-3所示。

（二）比例

图样的比例，应为图形与实物相对应的线性尺寸之比。比例的大小，是指比值的大小，如1:20大于1:50。

水利水电工程图样的比例应按表1-4的规定选用，并应优先选用表中的常用比例。

表1-4   比 例

	1:1		
常用比例	1:10^n	1:(2×10^n)	1:(5×10^n)
	2:1	5:1	(10×n):1
可用比例	1:(1.5×10^n)	1:(2.5×10^n)	1:(3×10^n)　1:(4×10^n)
	2.5:1	4:1	

注 n为正整数。

当整张图纸中只用一种比例时，应统一注写在图标内。否则，应按以下形式注写比例。

$$\text{平面图}\,1:200 \quad \text{或} \quad \frac{\text{平面图}}{1:200}$$

按以上形式注写时，比例的字高应比图名的字高小1号或2号。

在特殊情况下，允许在同一个视图中的铅直和水平两个方向采用不同的比例。

图中需要绘制比例标尺时，其形式如图1-4所示。

(a)   (b)

图1-4 比例标尺

（三）字体

图样中书写的汉字、数字、字母应字体端正，笔画清楚，排列整齐，间隔均匀。汉字中的简化字应采用国家正式公布实施的简化字，并尽可能采用仿宋体。但在同一图样上，只允许选用一种型式的字体。

字体的号数（简称字号）系指字体的高度。图样中字号分为20、14、10、7、5、3.5、2.5等七种。对于长方形字体，本号字高为上一号字的字宽，见表1-5。

表1-5   字 号

字 高	20	14	10	7	5	3.5	2.5
字 宽	14	10	7	5	3.5	2.5	1.8

注 汉字的字高，不应小于3.5mm。

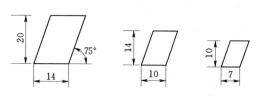

图1-5 斜体字格

斜体字的字头向右倾斜，与水平线约成75°角，如图1-5所示。

用作指数、分数、极限偏差、注脚等的数字和字母，一般采用小一号字体。

（四）图线

绘制水利水电工程图样时，应根据不同的用途采用表1-6中规定的图线。

表1-6   图 线

序号	图线名称	线 型	线宽	一 般 用 途
1	粗实线		b	(1) 可见轮廓线； (2) 钢筋； (3) 结构分缝线； (4) 材料分界线； (5) 断层线； (6) 岩性分界线

续表

序号	图线名称	线型	线宽	一般用途
2	虚线	 ~1 2~6	b/2	(1) 不可见轮廓线； (2) 不可见结构分缝线； (3) 原轮廓线； (4) 推测地层界线
3	细实线		b/3	(1) 尺寸线和尺寸界线； (2) 剖面线； (3) 示坡线； (4) 重合剖面的轮廓线； (5) 钢筋图的构件轮廓线； (6) 表格中的分格线； (7) 曲面上的素线； (8) 引出线
4	点划线	3~5 15~30	b/3	(1) 中心线； (2) 轴线； (3) 对称线
5	双点划线	~5 15~30	b/3	(1) 原轮廓线； (2) 假想投影轮廓线； (3) 运动构件在极限或中间位置的轮廓线
6	波浪线		b/3	(1) 构件断裂处的边界线； (2) 局部剖视的边界线
7	折断线		b/3	(1) 中断线； (2) 构件断裂处的边界线

注 粗实线应用于图框线时，其宽度为（1～1.5）b；应用于电气图中表示电线、电缆时，其宽度为（1～3）b。

图样中的图线分为粗、中粗、细三种，如图1-6所示。粗实线的宽度 b，应根据图的大小和复杂程度在 0.5～2mm 之间选用。

粗线 —————————— ————————— —·—·—·— b
中粗线 ————————— — — — — — —·—·—·— b/2
细线 ————————— — — — — — —·—·—·— b/3

图1-6 图线的粗、中粗、细

图线宽度的推荐系列为：0.18mm、0.25mm、0.35mm、0.5mm、0.7mm、1.0mm、1.4mm、2.0mm。

（五）标注

1. 标注尺寸的基本要求

（1）构件的真实大小应以图样上所注的尺寸数值为依据，与图形的大小及绘图的准确度无关。

（2）图样中标注的尺寸单位，除标高、桩号及规划图、总布置图的尺寸以 m 为单位外，其余尺寸以 mm 为单位，图中不必说明。若采用其他尺寸单位时，则必须在图纸中加以说

明。流域规划图以 km 为尺寸单位。尺寸标注的原则是：正确、齐全、清晰、合理。

2. 尺寸标注的组成

尺寸标注的组成包括尺寸界线、尺寸线、尺寸箭头和尺寸数字，如图1-7所示。

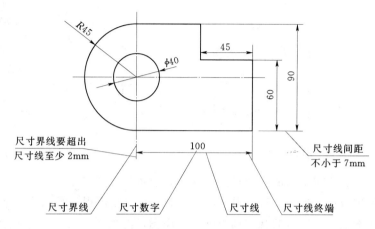

图1-7 尺寸标注

水利工程图标注标准细则详见后文。

二、水利水电工程图的图示方法

学习水利工程图必须掌握水利工程图的表达方法。前面介绍的工程形体表达方法都适用于表达水工建筑物，这里只进一步阐述和补充水工图表达的一些特点。水工图的表达方法分为两类：基本表达方法和特殊表达方法。

（一）水利工程图的基本表示法

1. 视图的名称和作用

（1）平面图。在水工图中，平面图（即俯视图）是基本视图。平面图分表达单个建筑物的平面图及表达水利枢纽的总平面图（枢纽布置图）。表达单个建筑物的平面图主要表明建筑物的平面布置，水平投影的形状、大小及各部分的相互位置关系、主要部位的标高等。

平面图的布置与水有关：对于挡水坝、水电站等挡水建筑物的平面图把水流方向选为自上向下，用箭头表示水流方向，如图1-8所示；对于过水建筑物（水闸、渡槽、涵洞等）则把水流方向选作自左向右。根据《水利水电工程制图标准》的规定，视向顺水流方向观察建筑物，建筑物左边为河流左岸，右边为河流右岸。

图样中表示水流方向的符号，根据需要可按图1-9所示的三种形式绘制。枢纽布置图

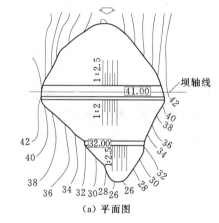

（a）平面图

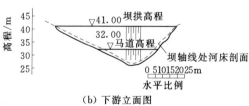

（b）下游立面图

图1-8 平面图和立面图

中的指北针符号，根据需要可按图1-10所示的两种形式绘制，其位置一般画在图形的左上角，必要时也可以画在右上角，箭头指向正北方向。图中"B"值根据需要自定。

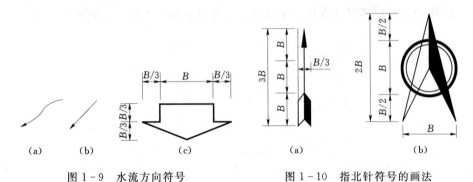

图1-9 水流方向符号　　　　图1-10 指北针符号的画法

（2）立面图。表达建筑物的各个立面的视图称立面图（即正、左、右、后视图）。水工图中立面图的名称与水流有关，视向顺水流方向观察建筑物所得的视图称为上游立面图；视向逆水流方向观察建筑物所得的视图称为下游立面图。立面图主要表达建筑物的外部形状，上、下游立面的布置情况等，如图1-8所示下游立面图。

（3）剖视图。在水工图中，剖切平面平行于建筑物轴线或顺河流流向时所得的视图，称为纵剖视图，如图1-11所示A-A。剖切平面垂直于建筑物轴线或河流流向时所得的视图，称为横剖视图，如图1-11所示B-B和C-C。剖视图主要表达建筑物的内部结构形状及相对位置关系，表达建筑物的高度尺寸及特征水位，表达地形、地质情况及建筑材料。

（4）剖（断）面图。剖面图表达建筑物组成部分的断面形状及建筑材料，土石坝剖面图中筑坝材料的分区线应用中粗实线绘制并注明各区材料名称，当不影响表达设计意图时可不画剖面材料图例，如图1-11、图1-12所示土坝横断面图。

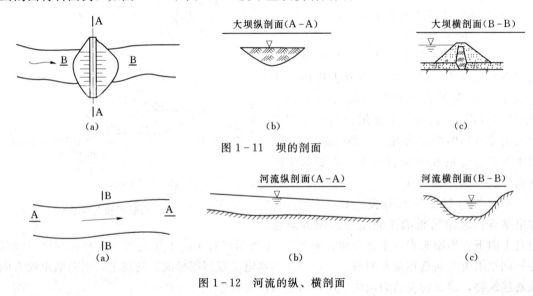

图1-11 坝的剖面

图1-12 河流的纵、横剖面

（5）详图。将物体的部分结构用大于原图形所采用的比例画出的图形称为详图。详图一般用图1-13详图标注，其形式为：在被放大部分处用细实线画小圆圈，标注字母。详图用相同的字母标注其图名，并注写比例，如图1-13所示。详图可以画成视图、剖视图、剖面图，它与被放大部分的表达方式无关。必要时，详图可用一组（两个或两个以上）视图来表达同一个被放大部分的结构。

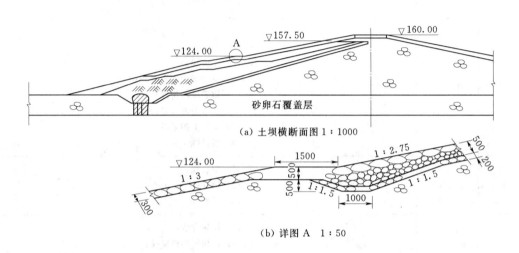

（a）土坝横断面图1∶1000

（b）详图A　1∶50

图1-13 详图

2. 视图配置和标注

表达建筑物的一组视图应尽可能按投影关系配置。由于水工建筑物的大小不同，有时为了合理利用图纸，允许将某些视图不按投影关系配置，而是将其配置在图幅的合适位置，对于大而复杂的建筑物，可以将某一视图单独画在一张图纸上。

土坝横断面图　1∶1000　或　详图A　1∶50

图1-14 图名标注方式

为了读图方便，每个视图一般均应标注图名，图名统一注写在视图的正上方，并在图名的下边画一条粗实线，长度以图名长度为准。

当整张图只使用一种比例时，比例统一注写在标题栏内，否则，应逐一标注。比例的字高应比图名的字高小1～2号。具体标注方式如图1-14所示。

由于水工建筑物一般都比较庞大，所以水工图通常采用缩小的比例。绘图时比例大小的选择要根据工程各个不同的阶段对图样的要求、建筑物的大小以及图样的种类和用途来决定。

不同阶段的各种水工图一般采用的比例见表1-7。

为便于画图和读图，建筑物同一部分的几个视图应尽量采用同一比例。在特殊情况下，允许在同一视图中的铅垂和水平两个方向采用不同的比例。如图1-13所

表1-7　水工图一般采用的比例

规　划　图	1∶2000～1∶10000
枢纽布置图	1∶200～1∶5000
建筑物结构图	1∶50～1∶500
详　图	1∶5～1∶50

示，土坝长度和高度两个方向的尺寸相差较大，所以在下游立面图中，其高度方向采用的比例较长度方向大。但这种视图不能反映建筑物的真实形状。

（二）水利工程图的特殊表示法

1. 合成视图

对称或基本对称的图形，可将两个视向相反的视图（或剖视图或剖面图）各画一半，并用点划线为界合成一个图形，分别注写相应的图名，这样的图形称为合成视图，如图 1-15 所示 B-B 和 C-C 合成的剖视图。

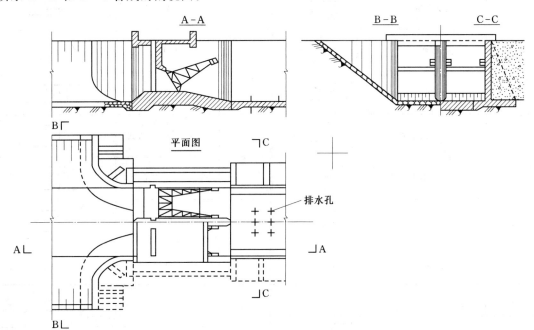

图 1-15　合成视图、拆卸画法与简化画法

2. 拆卸表示法

当视图（或剖视图）中所要表达的结构被另外的结构或填土遮挡时，可假想将其拆掉或掀去，然后再进行投影。如图 1-15 所示平面图中对称线前半部分将桥面板拆卸，翼墙及岸墙后回填土掀掉后绘制图，因此，翼墙与岸墙背水面轮廓可见，轮廓虚线变成实线。

3. 简化表示法

对于图样中的一些细小结构，当其成规律地分布时，可以简化绘制，如图 1-15 中的排水孔。

图样中的某些设备（如闸门启闭机、发电机、水轮机调速器、桥式起重机）可以简化绘制。

4. 展开表示法

当构件或建筑物的轴线（或中心线）为曲线时，可以将曲线展开成直线后，绘制成视图（或剖视或剖面）。这时，应在图名后注写"展开"二字，或写成"展视图"，如图 1-16 所示。

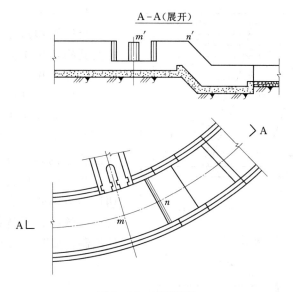

图 1-16　展开画法

5. 省略表示法

当图形对称时，可以只画对称的一半，或只画对称的 1/4，但必须在对称线上加注对称符号。对称符号的画法如图 1-17 所示。

在不影响图纸表达的情况下，根据不同设计阶段和实际需要，视图和剖视图中某些次要结构和附属设备因属外部构件或另有图纸表达，在建筑物结构图中可简化绘制或省略不画。

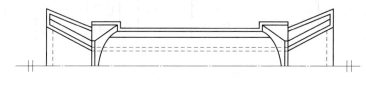

图 1-17　省略画法

6. 连接表示法

当图形较长而又需要全部画出时，可将其分段绘制，再画出连接符号表示相连的关系，并用大写拉丁字母编号。如图 1-18 所示的土坝立面图。

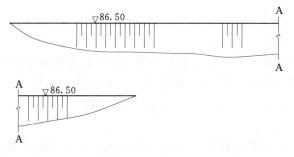

图 1-18　连接画法

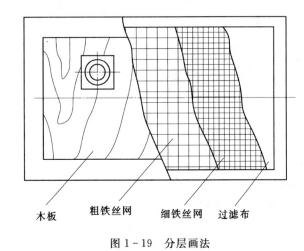

图 1-19　分层画法

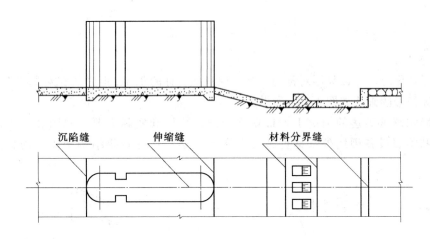

图 1-20　缝隙的画法

7. 分层表示法

当建筑物或某部分结构有层次时，可按其构造层次分层绘制，相邻层用波浪线分界，并且用文字注写各层结构的名称，如图 1-19 所示。

8. 缝线的表示法

在绘制水工图时，为了清晰地表达建筑物中的各种缝线，如伸缩缝、沉陷缝、施工缝和材料分界缝等，无论缝线两边的表面是否在同一平面内，在绘图时这些缝线按轮廓线处理，规定用粗实线绘制，如图 1-20 所示。

9. 示意表示法

在规划示意图中，各种建筑物是采用符号和平面图例在图中相应部位示意表示。这种画法虽然不能表示结构的详细情况，但能表示出它的位置、类型和作用。常见的水工建筑物平面图例见表 1-8。

（三）水利工程图曲面表示法

1. 常见曲面的形成与表示方法

曲面的作用是使水流平顺，改善建筑物受力条件。常见曲面有柱面、锥面、渐变面、扭面。曲面由直线或曲线运动形成，其构成要素有母线、素线、定点、导线、导面。曲面可分为直线面（由直线作母线运动形成的曲面）和曲线面（由曲线作母线运动形成的曲面）。

曲面的表示应画出曲面的母线、导线、导面的投影，还画出曲面的投影外形轮廓线及若干条素线，如图 1-21 所示。

表 1-8　　　　　常见水工建筑物平面图例

符号	名称		图例	符号	名称		图例
1	水库	大型		13	泵站		
		小型		14	暗沟		
2	混凝土坝			15	渠		
3	土石坝			16	船闸		
4	水闸			17	升船机		
5	水电站	大比例尺		18	码头	栈桥式	
		小比例尺				浮式	
6	变电站			19	溢洪道		
7	渡槽			20	堤		
8	隧洞			21	护岸		
9	涵洞		（大）（小）	22	挡土墙		
10	虹吸		（大）（小）	23	防浪堤	直墙式	
						斜坡式	
11	跌水			24	明沟		
12	斗门						

2. 柱面和锥面的形成和表示方法

（1）柱面。

1）形成：直母线沿曲导线运动，运动中始终平行于一条直线所形成的曲面，称为柱面。

2）分类：柱面分为圆柱面和椭圆柱面。

在水工图中，常在柱面上加绘素线。这种素线应根据其正投影特征画出。假定圆柱轴线平行于正面，若选择均匀分布在圆柱面上的素线，则正面投影中，素线的间距是疏密不匀的；越靠近轮廓素线越稠密，越靠近轴线，素线越稀疏。

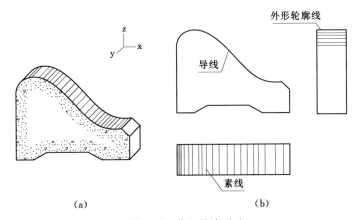

（a）

（b）

图1-21　曲面的表示法

有些建筑物上常采用斜椭圆柱面，其投影如图1-22所示。

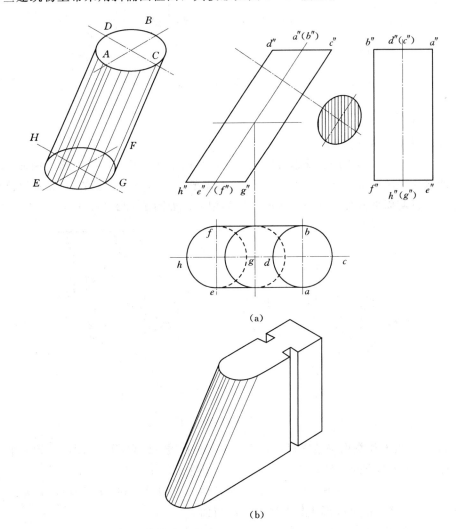

（a）

（b）

图1-22　斜椭圆柱柱面投影及工程实例

（2）锥面。

1）形成：直母线沿曲导线运动，运动中始终通过一定点所形成的曲面，称为锥面。

2）分类：锥面分为圆锥面和椭圆锥面。

在圆锥面上加绘示坡线或素线时，其示坡线或素线一定要经过圆锥顶点投影，如图1-23所示。

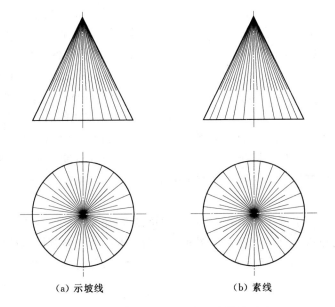

（a）示坡线　　　　（b）素线

图1-23　圆锥面的示坡线和素线的画法

工程上还常常采用斜椭圆锥面，如图1-24（a）所示，O为底圆周中心，S为圆锥顶点，圆心连SO倾斜于底面。图1-24（b）的正视图和左视图都是三角形，其两腰是斜椭圆锥轮廓素线的投影，三角形的底边是斜椭圆锥底面的投影，具有积聚性。

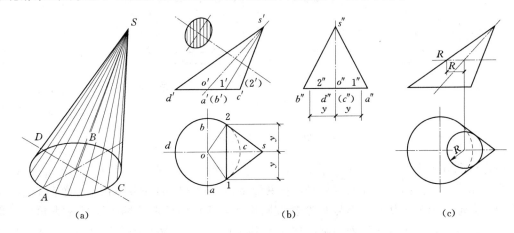

（a）　　　　　　　（b）　　　　　　（c）

图1-24　斜椭圆锥面的形成和素线的画法

俯视图是一个圆以及与圆相切的相交二直线段，圆周反映斜椭圆锥底面的实形，相交二直线是俯视方向的轮廓素线的投影。

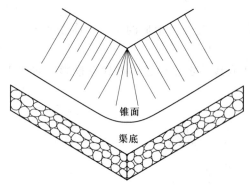

图1-25 圆锥面工程实例

若用平行于斜椭圆锥底面的平面截断斜椭圆锥，则截交线为一个圆，俯视图上反映截交线圆的实形，如图1-24（c）所示。

圆锥面工程实例如图1-25所示。

3. 渐变面的形成和表示方法

在水利工程中，很多地方要用到引水隧洞，隧洞的断面一般是圆形的，而安装闸门的部分却需做成长方形断面，如图1-26所示。为了使水流平顺，在长方形断面和圆形断面之间，要有一个使方洞逐渐变为圆洞的逐渐变化的表面，这个逐渐变化的表面称为渐变面。

图1-27（a）是渐变面的立体图，图1-27（b）为渐变面的断面图。渐变面的表面是由四个三角形平面和四个斜椭圆锥面组成。长方形的四个顶点就是四个斜椭圆锥的顶点，圆周的四段圆弧就是斜椭圆锥的底圆（底圆平面平行侧面）。四个三角形平面与四个斜椭圆锥面平滑相切。

表达渐变面时，图上除了画出表面的轮廓形状外，还要用细实线画出平面与斜椭圆锥面分界线（切线）的投影。分界线在正视图和俯视图上的投影与斜椭圆锥的圆心连接的投影恰恰重合。为了更形象地表示渐变面，三个视图的锥面部分还需画出素线，如图1.27（b）所示。

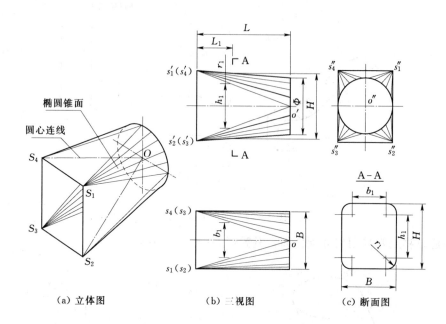

（a）立体图　　（b）三视图　　（c）断面图

图1-27 渐变面的画法

近圆形，h_1越小、r_1越大。

4. 扭面的形成和表示方法

某些水工建筑物（如水闸、渡槽等）的过水部分的断面是矩形，而渠道的断面一般为梯形，为了使水流平顺，由梯形断面变为矩形断面需要一个过渡段，即在倾斜面和铅垂面之间，要有一个过渡面来连接，这个过渡面一般用扭面，如图1-28（a）所示。

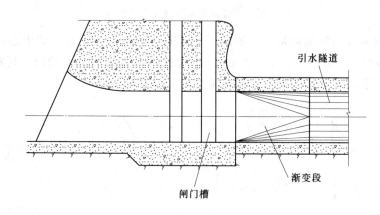

图1-26 引水隧洞局部剖面图

在设计和施工中，还要求作出渐变面任意位置的断面图。图1-27（b）正视图中A-A剖切线表示用一个平行于侧面的剖切平面截断渐变面。断面图的基本形状是一个高为h、宽为b的长方形。因为剖切平面截断四个斜椭圆锥面，所以断面图的四个角不是直角而是圆弧。圆弧的圆心位置就在截平面与圆心连线的交点上，因此，圆弧的半径可由A-A截断素线处量得，其值r_1，如图1-27（b）中的正视图所示。将四个角圆弧画出后，即得A-A断面图，如图1-27（b）所示。必须注意，不要把此图看成是一个面，而应把它看作是一个封闭的线框。断面的高度h_1和角弧的半径r_1的大小是随A-A剖切线的位置而定，越靠

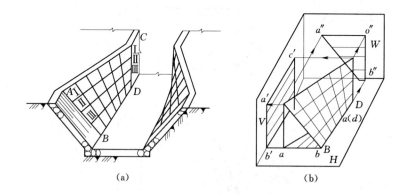

图1-28 扭面的应用和形成

扭面ABCD可看作是由一条直母线AC沿交叉二直线AB和CD移动，并始终平行于H面（导平面），这样形成的曲面称扭面，又称双面抛物面，如图1-28（b）所示。

扭面ABCD也可以把一条直母线AB沿交叉线二直线AC和BD移动，并始终平行于W面（导平面），这样也可以形成与上述同样的扭面。

在扭面形成的过程中，母线运动时的每一个具体位置称为扭面的素线。同一个扭面可以

由两种方式形成，因此，也就有两组素线。

扭面的正视图为一长方形，其俯视图和左视图均为三角形（也可能是梯形）。在三角形内应画出素线的投影，在俯视图中画水平素线的投影，而在左视图中则画出侧平素线的投影，这是两组不同方向的素线。这样画出的素线的投影都形成放射状，这些素线的投影可等分两端的导线画出，使之分布均匀，如图1—29、图1—30所示。

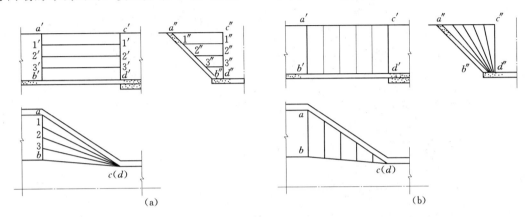

图1—29 扭面的画法

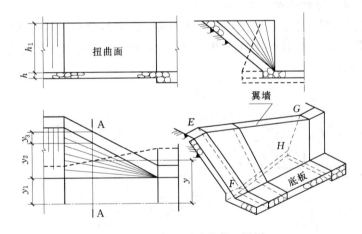

图1—30 扭面过渡段的三视图

（四）水利工程图的结构尺寸表示法

水工图中的尺寸是建筑物施工的依据。前文详细介绍的尺寸标注的基本规则和方法，在水工图中仍然适用。本节将根据水工建筑物的特点及设计和施工的要求，介绍水工图尺寸基准的确定和有关尺寸的标注方法。

1. 一般规定

（1）水工图中的尺寸单位，流域规划图以km计，标高、桩号、总平面布置图以m计，其余尺寸均以mm计。若采用其他尺寸单位，则必须在图样中加以说明。

（2）水工图中尺寸标注的详细程度，应根据设计阶段的不同和图样表达内容的不同而定。

2. 高度尺寸的注法

水工建筑物的高度，除了注写垂直方向的尺寸外，一些重要的部位，如建筑物的顶面、底面、水位等均须标注高程，即标高。常在建筑物立面图和垂直方向的剖视图、断面图中标注。

（1）标高包括标高符号及尺寸数字两部分。标高符号一般采用等腰直角三角形，用细实线绘制，其高度h约为数字高度的2/3，如图1—31（a）所示。标高符号尖端可以向下指，也可以向上指，根据需要而定，但必须与被标注高度的轮廓线或引出线接触。水面标高（简称水位），水面线以下画三条渐短细实线，如图1—31（c）所示。标高数字一律注写在标高符号右边，单位以m计，注写到小数点后第三位。在总布置图中，可注写到小数点后第二位。零点标高注成±0.00，正数标高数字前一律不加"＋"号，负数标高数字前必须加注"—"号，如—1.50。

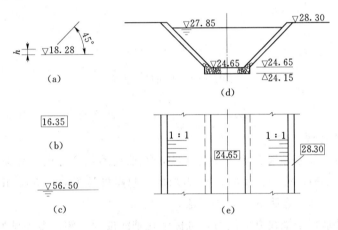

图1—31 标高注法

（2）在平面图中，高程符号为细实线矩形线框，矩形线框的长、宽比约为2：1，在其内注写标高数字，其形式如图1—31（b）所示。

（3）高程基准与测量基准一致，高度尺寸的基准可采用主要设计高程为基准，或按施工要求选取，一般采用建筑物的底面为基准，仍采用标注高度的方法标注，如图1—31（d）、（e）所示。

3. 平面尺寸的注法

水工建筑物建造在地面上，通常是根据测量坐标系来确定各个建筑物在地面上的位置。这里主要介绍平面布置图中的尺寸基准。

水利枢纽中各个水工建筑物在地面上的位置是以所选定的基准点或基准线进行放样定位的，基准点的平面位置是根据测量坐标来确定的，两个基准点相连即确定了基准线的平面位置。如图1—32所示的平面布置图中，坝轴线的位置是由坝端两个基准点的测量坐标来确定的，坝轴线的走向用方位角表示。

建筑物在长度或宽度方向若为对称形状，则以对称轴线为尺寸基准。如图1—32所示，进水闸平面图的宽度尺寸就是以对称轴线为基准的。若建筑物某一方向无对称轴线时，则以建筑物的主要结构端面为基准，如图1—32所示进水闸的长度尺寸则以闸室溢流底槛上游端

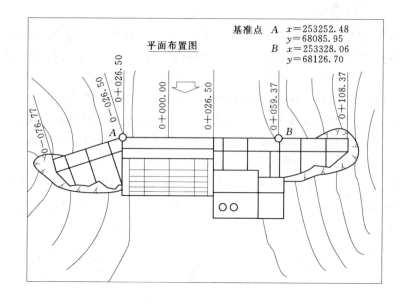

图 1-32　平面尺寸注法

面为基准之一。

4. 长度尺寸的注法

对于坝、隧洞、渠道等较长的水工建筑物，沿轴线的长度方向一般采用"桩号"的注法，标注形式为 K±M，K 为公里数，M 为米数。起点桩号为 0＋000，起点桩号之前注成 K－M 为负值，起点桩号之后 K＋M 为正值。

桩号数字一般垂直于轴线方向注写，且标注在轴线的同一侧，整齐排列。当轴线为折线时，转折点的桩号应重复标注，如图 1-33 所示。

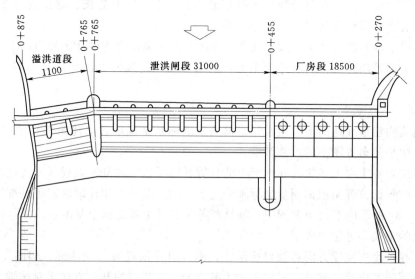

图 1-33　桩号数字的注法

当同一图中几种建筑物均采用"桩号"进行标注时，可在桩号数字前加注文字以示区别，如图 1-34 所示为某隧洞桩号的标注。

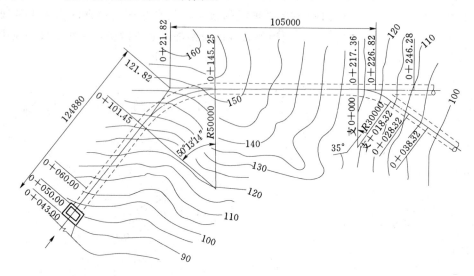

图 1-34　桩号注法

5. 连接圆弧与非圆曲线的尺寸注法

连接圆弧需注出圆弧半径、圆弧对应的圆心角，使夹角的两边指向圆弧的端点和切点。根据施工放样的需要，还需注出圆弧的圆心、切点和圆弧两端的高程以及它们长度方向的尺寸，如图 1-35 所示。

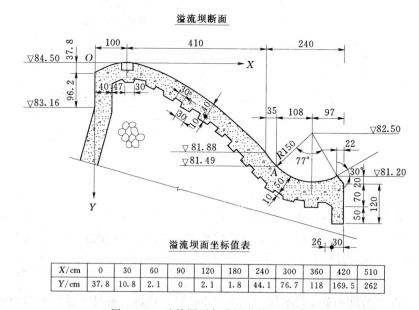

溢流坝面坐标值表

X/cm	0	30	60	90	120	180	240	300	360	420	510
Y/cm	37.8	10.8	2.1	0	2.1	1.8	44.1	76.7	118	169.5	262

图 1-35　连接圆弧与非圆曲线尺寸注法

非圆曲线尺寸的标注一般是在图中给出曲线的方程式，画出方程的坐标轴，并在图附近列表给出非圆曲线上一系列点的坐标值，如图 1-35 所示溢流坝面的标注。

6. 多层结构尺寸的注法

在水工图中，多层结构的尺寸常用引出线引出标注。引出线必须垂直通过被引出的各层，文字说明和尺寸数字应按结构的层次注写如图1-36所示。

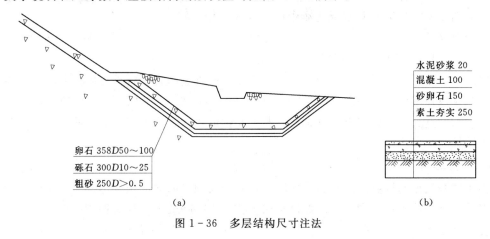

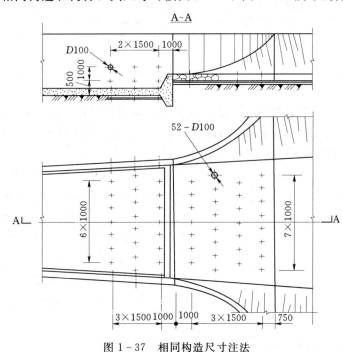

图1-36　多层结构尺寸注法

7. 简化注法

均匀分布的相同构造和构件，其尺寸可按图1-37、图1-38所示的方法标注。

图1-37　相同构造尺寸注法

8. 封闭尺寸链与重复尺寸

图样中既标注各分段尺寸又标注总体尺寸时就形成了封闭尺寸链。若既标注高程又标注高度尺寸就会产生重复尺寸。由于水工建筑物的施工是分段进行的，为便于施工与测量，需要标注封闭尺寸。若表达水工建筑物的视图较多，难以按投影关系布置，甚至不能画在同一张图纸上，或采用了不同的比例绘制，致使看图时不易找到对应的投影关系，为便于看图，

允许标注重复尺寸，但应尽量减少不必要的重复尺寸，另外要防止尺寸之间出现矛盾和差错。

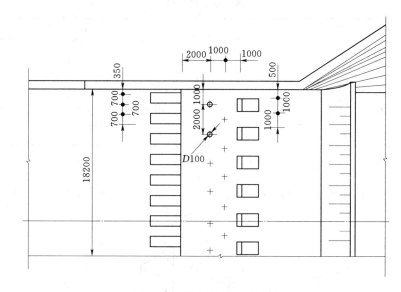

图1-38　相同构件尺寸注法

三、钢筋混凝土结构图

在水利工程中，很多结构都是由钢筋混凝土构成。用钢筋混凝土制成的梁、板、柱、基础等构件，称为钢筋混凝土构件。

可用钢筋混凝土构件组成房屋的承重结构。全部由钢筋混凝土构件组成的房屋结构，称为钢筋混凝土结构；采用砖墙承重，而楼板、屋顶、楼梯等部分用钢筋混凝土构件的房屋结构，称为混合结构。混凝土面抗拉强度却只有抗压强度的1/10～1/20，因此，在混凝土中按照结构受力和构造的需要，配置一定数量的钢筋以增强其抗拉能力。这种由混凝土和钢筋两种材料制成的构件称为钢筋混凝土，用来表达钢筋混凝土结构的图样称为钢筋混凝土结构图，当钢筋混凝土结构图主要表达钢筋时，简称钢筋图。

（一）钢筋混凝土的基本知识

1. 混凝土标号和钢筋等级

（1）标号。混凝土按其抗压强度的不同，分为不同的标号。工程上常用的混凝土标号有C10、C15、C20、C30、C40等。

（2）等级。钢筋按其强度和品种分成不同的等级。常见热轧钢筋有：

Ⅰ级钢筋，即3号光圆钢筋，外形光圆，用符号Φ表示，材料为普通碳素钢；

Ⅱ级钢筋，外形为螺纹或人字纹，用符号Φ表示，材料为16锰硅钢；

Ⅲ级钢筋，外形为螺纹或人字纹，用符号Φ表示，材料为25锰硅钢；

Ⅳ级钢筋，用代号Φ表示。

此外还有冷拔低碳钢丝Φ^b等。

2. 钢筋的符号

在钢筋混凝土结构设计规范中，对国产建筑用钢筋，按其产品种类不同分别给予不同的

符号（表1-9），供标注及识别之用。

表1-9 钢筋符号

种类		符号	备注
热轧钢筋	HPB235（Q235）	Φ	HRB为热轧带肋钢筋，H、R、B分别为热轧（Ho-trolled）、带肋（Ribbed）、钢筋（Bars）三个词的英文首位字母。 HPB指热轧光圆钢筋，RRB指余热处理钢筋。 235、335、400为强度值
	HRB335（20MnSi）	Φ	
	HRB400（20MnSiV、20MnSiNb、20MnSiTi）	Φ	
	RRB400（K20MnSi）	Φ	

3. 钢筋的分类和作用

配置在钢筋混凝土构件中的钢筋，按其作用可分为以下几种，如图1-39所示。

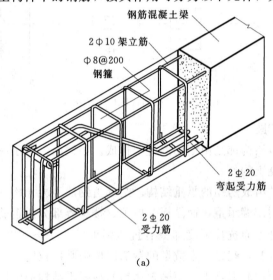

（a）

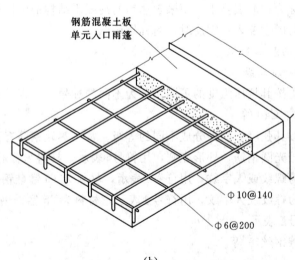

（b）

图1-39 钢筋混凝土构件的钢筋配置

（1）受力筋。构件中主要的受力钢筋。如图1-39（a）中钢筋混凝土梁底部的2Φ20，图1-39（b）中单元入口靠近顶面的Φ10@140等钢筋，均为受力筋。

（2）箍筋。构件中承受剪力和扭力的钢筋，同时用来固定纵向钢筋的位置，多用于梁和柱内。如图1-39（a）钢筋混凝土梁中的Φ8@200便是箍筋。

（3）架立筋。一般用于梁内，固定箍筋位置，并与受力筋一起构成钢筋骨架。如图1-39（a）钢筋混凝土梁中的2Φ10便是架立筋。

（4）分布筋。一般用于板类构件中，并与受力筋垂直布置，将承受的荷载均匀地传给受力筋一起构成钢筋骨架。如图1-39（b）单元入口雨篷的Φ6@200便是分布筋。

（5）构造筋。包括架立筋、分布筋以及由于构造要求和施工安装需要而配置的钢筋，统称为构造筋。

4. 钢筋的弯钩

为了增强钢筋与混凝土之间的锚固能力，将光面钢筋的端部做成弯钩。弯钩的形式和尺寸有多种，可查有关规定和规范。如果采用螺纹钢筋，一般不需要弯钩。

5. 钢筋的保护层

为防止钢筋锈蚀，保证钢筋与混凝土紧密黏结在一起，钢筋边缘到混凝土表面应留有一定厚度的混凝土，称其为钢筋的保护层。保护层的最小厚度视不同的结构而异，可查阅有关设计规范，一般在10～50mm之间。梁、柱中受力筋保护层厚度为25mm，板中受力筋保护层厚度为10mm。

（二）钢筋图的表达方法

1. 基本规定

（1）线型规定。绘制钢筋图时，假设混凝土为透明体，在轮廓线内将钢筋布置情况画出。为了突出钢筋的表达，标准规定：图中一般不画混凝土材料图例，钢筋用粗实线，钢筋的截面用小黑点，构件的轮廓用细实线。

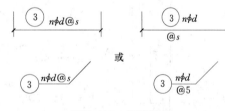

图1-40 钢筋编号

（2）钢筋编号。钢筋必须编号，每类钢筋（即型式、规格、长度相同的钢筋）无论根数多少只编一个号。编号顺序应有规律，一般为自下而上，自左至右，先主筋后分布筋。编号字体规定用阿拉伯数字写在小圆圈内，小圆圈的直径为6mm，编号小圆圈和引出线均为细实线，引出线应指到相应的钢筋上，如图1-40所示。

2. 图示方法

钢筋混凝土构件图由模板图、配筋图等组成。

模板图主要用来表示构件的外形与尺寸以及预埋件、预留孔的大小与位置。它是模板制作和安装的依据。

配筋图主要用来表示构件内部钢筋的形状和配置状况，在构件的立面图和断面图上，轮廓用细实线画出，钢筋用粗实线及黑圆点表示（一般钢筋的规定画法，见表1-10），图内不画材料图例。

●	钢筋横断面
	无弯钩的钢筋及端部
	带半圆弯钩的钢筋端部
	长短钢筋重叠时，短钢筋端部用 45°短划表示
	带直钩的钢筋端部
	带丝扣的钢筋端部
	无弯钩的钢筋搭接
	带直钩的钢筋搭接
	带半圆钩的钢筋搭接
	套管接头（花篮螺丝）

3. 尺寸注法

在钢筋混凝土构件的模板图上，要注出构件的形状尺寸、预埋件的位置尺寸等。标注方法有以下两种：

（1）标注钢筋的级别、根数和直径。例如，2Φ10 分别表示钢筋根数（2根）、Ⅰ级钢筋、钢筋直径（10mm）。

（2）标注钢筋级别、直径和相邻钢筋中心距离。例如，Φ8@200 分别表示Ⅰ级钢筋符号、钢筋直径（8mm）、相等中心距离符号、相邻钢筋中心距（≤200mm）。

4. 钢筋图的内容

钢筋图包括钢筋布置图、钢筋成型图、钢筋明细表等内容，如图 1－41 所示。

（1）钢筋布置图。钢筋布置图主要是表明构件内部钢筋的分布情况，所选用的视图、断面图必须具有代表性，充分而清楚地表达钢筋的布置。

（2）钢筋成型图。钢筋成型图是表达构件中每种钢筋加工成型后的形状和尺寸的图样。在图上直接标注钢筋各部分的实际尺寸，并注明钢筋的编号、根数、直径以及单根钢筋的断料长度，它是钢筋断料和加工的依据。

（3）钢筋明细表。钢筋明细表就是将构件中每一种钢筋的编号、型式、规格、根数、单根数、总长度和备注等内容列成表格形式，是备料、加工以及做材料预算的依据。

为了简化作图，有时也将成型图缩小，示意地画在钢筋明细表简图一栏中，即把钢筋成型图和明细表合二为一。

（三）钢筋图的识读

识读钢筋图的目的是为了弄清结构内部钢筋的布置情况，以便进行钢筋的断料、加工和绑扎成型。看图时须注意图上的标题栏、有关说明，先弄清楚结构的外形，然后按钢筋的编号次序，逐根看懂钢筋的位置、形状、种类、直径、数量和长度。要把视图、断面图、钢筋编号和钢筋表配合起来看。

【例 1－1】 识读图 1－41。
分析：
（1）分析视图、概括了解。梁的外形及钢筋布置由正立面图和 A－A、B－B 两个断面

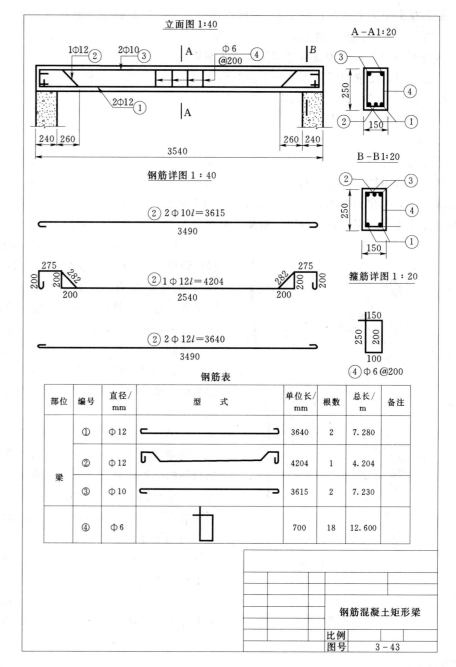

部位	编号	直径/mm	型　式	单位长/mm	根数	总长/m	备注
梁	①	Φ12		3640	2	7.280	
	②	Φ12		4204	1	4.204	
	③	Φ10		3615	2	7.230	
	④	Φ6		700	18	12.600	

钢筋混凝土矩形梁
比例
图号　3-43

图 1－41　钢筋混凝土矩形梁

图来表达，从图中可知表达的是一矩形梁，其尺寸为长 3540mm、宽 150mm、高 250mm。

（2）结合视图，详细分析钢筋。从 A－A 断面图看出，梁的底部有 3 根受力钢筋，中间 1 根为②号钢筋，两侧自里向外分别为①号钢筋 2 根，其直径均为 12mm。梁顶部两角各有 1 根③号架立钢筋，直径为 10mm，其形式从明细表中可以查出。从 B－B 断面图中，可以看出梁的底部只有 2 根钢筋，而顶部有 3 根钢筋。对照正立面图可以看出，A－A 断面图中

底部②号钢筋在梁中向上弯起，由于 B—B 断面图的剖切位置在梁端，底部是 2 根而顶部是 3 根。正立面图上画的④号钢筋表示箍筋，箍筋直径为 6mm，共 18 根，箍筋间距为 200mm。从直径符号可知 4 种编号的钢筋均为Ⅰ级钢筋。

（3）检查核对。由读图所得的各种钢筋的形状、直径、根数、单根长与钢筋成型图、钢筋明细表逐个逐项地进行核对是否相符。

四、水工图的分类与特点

（一）水工图的分类

水利工程的兴建一般需要经过勘测、规划、设计、施工和竣工验收等几个阶段，每个阶段都要绘制相应的图样。勘测、调查工作是为可行性研究、设计和施工收集资料提供依据，此阶段要画出地形图和工程地质图（由工程测量和工程地质课程介绍）等。可行性研究和初步设计的主要任务是确定工程的位置、规模、枢纽的布置及各建筑物的形式和主要尺寸，提出工程概算，报上级审批，此阶段要画出工程位置图（包括流域规划图、灌区规划图等）、枢纽布置图。技术设计和施工设计阶段是通过详细计算，准确地确定建筑物的结构尺寸和细部构造，确定施工方法、施工进度、编制工程预算等。此阶段要绘制建筑物结构图、构件配筋图、施工详图等，工程建设结束还要绘出竣工图。下面介绍几种主要的水工图样。

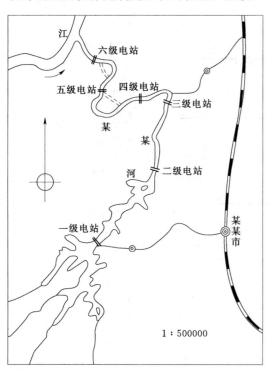

图 1-42 某河流域规划图

10000 甚至更小。

2. 枢纽布置图

将整个水利枢纽的主要建筑物的平面图形画在地形图上，这样的图形就称为水利枢纽布置图。枢纽布置图可以单独画在一张图纸上，也可以和立面图等配合画在一张图纸上。枢纽布置图一般包括以下内容：

（1）水利枢纽所在地区的地形、河流及流向、地理方位（指北针）等。

（2）各建筑物的平面形状、相应位置关系。

1. 规划图

规划图是表达水利资源综合开发全面规划意图的一种示意图。按照水利工程的范围大小，规划图有流域规划图、水利资源综合利用规划图、灌区规划图、行政区域规划图等。规划图通常绘制在地形图上，采用符号图例示意的方式反映出工程的整体布局、拟建工程的类别、位置和受益面积等内容。如图 1-42 所示为某河流域规划图，在该河流上拟建 6 个水电站。规划图表示范围大，图形比例小，一般采用比例为 1:5000～1:

（3）建筑物与地面的交线、填挖方坡边线。

（4）建筑物的主要高程和主要轮廓尺寸。

为了使主次分明，结构上的次要轮廓线和细部构造一般省去不画或用示意图表达它们的位置、种类，图中尺寸一般只标注建筑物的外形轮廓尺寸和定位尺寸、主要部位的标高、填挖方坡度等。所以枢纽布置图主要是用来表明各建筑物的平面布置情况，作为各建筑物的施工放样、土石方施工及绘制施工总平面图的依据等。

3. 建筑物结构图

建筑物结构图是以枢纽中某一建筑物为对象的工程图样，包括结构平面布置图、剖面图、分部和细部构造、混凝土结构图和钢筋图等。主要用来表达水利枢纽中单个建筑物的形状、大小、结构和材料等内容。

4. 施工图

施工图是按照设计要求，用于指导施工所画的图样。主要表达施工过程中的施工组织、施工程序和施工方法等。

5. 竣工图

工程完工验收后要绘出完整反映工程全貌的图样称为竣工图。竣工图详细记载着建筑物在施工过程中经过修改后的有关情况，以便汇集资料、交流经验、存档查阅以及供工程管理之用。

（二）水工图的特点

水工图的绘制，除遵循制图基本原理以外，还根据水工建筑物的特点制定了一系列的表达方法，综合起来水工图有以下特点：

（1）比例小。水工建筑物形体庞大，画图时常用缩小的比例。特殊情况下，当水平方向和铅垂方向尺寸相差较大时，允许在同一个视图中的铅垂和水平两个方向采用不同的比例。

（2）详图多。因画图所采用的比例小，细部结构不易表达清楚。为了弥补以上缺陷，水工图中常采用较多的详图来表达建筑物的细部结构。

（3）断面图多。为了表达建筑物各部分的断面形状及建筑材料，便于施工放样，水工图中断面图应用较多。

（4）图例符号多。水工图的整体布局与局部结构尺寸相差较大，所以在水工图中经常采用图例、符号等特殊表达方法及文字说明。

（5）考虑水的影响。水工建筑物总是与水密切相关，因此水工图的绘制应考虑到水的问题。如挡水建筑物应表明水流方向和上、下游特征水位。

（6）考虑土的影响。由于水工建筑物直接修筑在地面上，所以必须表达建筑物与地面的连接关系。

五、水工图的识读方法

（一）读图的方法和步骤

读图能力的形成，是多重因素积累的结果，它源于先前对各类结构的观察、现阶段学习及以后的工程实践等因素的结合。水利工程图表达一个水利枢纽的图样往往数量较多，视图一般也比较分散，因此在读图时应按一定的方法步骤进行，才能减少读图的盲目性，提高读图的效率。识读水工图一般由枢纽布置图到建筑结构图，先看主要结构后看次要结构，读建筑结构图时要遵循由总体到局部，由局部到细部，然后再由细部回到总体的原则，这样经过几次反复，直到全部看懂。

对于阅读工程图样来讲，方法因人而异。一般阅读方法步骤如下。

1. 概括了解

读图时，要先看有关的专业资料和设计说明书，按图纸目录依次或有选择地对相关图样进行粗略阅读。读图时首先阅读标题栏和有关说明，从而了解建筑物的名称、作用、比例、尺寸单位以及施工要求等内容。分析水工建筑物总体和各部分采用了哪些表达方法；找出有关视图和剖视图之间的投影关系，明确各视图所表达的内容。

2. 深入阅读

概括了解之后，还要进一步仔细阅读，其顺序一般是由总体到部分，由主要结构到次要结构，逐步深入，读懂建筑物的主要部分后，再识读细部结构。读水工图时，除了要运用形体分析法外，还需要了解建筑物的功能和结构常识，运用对照的方法读图，即平面图、剖视图、立面图对照着读，图形、尺寸、文字说明对照着读等。

3. 归纳总结

通过归纳总结，对建筑物（或建筑物群）的大小、形状、位置、功能、结构特点、材料等有一个完整和清晰的了解，图1-43为水工图的识读技术路线。

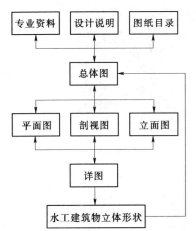

图1-43 水工图的识读技术路线

（二）水利工程图的识读举例

【例1-2】 阅读图1-44所示的涵洞设计图。

1. 涵洞的作用和组成

涵洞是修建在渠、堤或路基之下的交叉建筑物。当渠道或交通道路（公路和铁路）通过沟道时常常需要填方，并在填方下设一涵洞，以便使水流或道路通畅。

涵洞一般由进口段、洞身段和出口段三部分组成。常见的涵洞形式有盖板涵和拱圈涵洞等。涵洞的施工方法是先开挖筑洞，然后再回填。

2. 读图

（1）概括了解。首先阅读标题栏和有关说明，可知图名为涵洞设计图，作用是排泄沟内洪水，保证渠道通畅。画图比例为1∶50，尺寸单位为mm。

（2）分析视图。本涵洞设计图采用了三个基本视图，即平面图（半剖视图）、纵剖视图、上游立面图和洞身横剖视图组合而成的合成视图，以及两个移出断面图来表达涵洞。

涵洞左右对称，平面图采用对称画法，只画了左边的一半，为了减少图中的虚线，既采用了半剖视图（D-D剖视），又采用了拆卸画法。它表达了涵洞各部分的宽度，各剖视图、断面图的剖切位置和投影方向以及涵洞底板的材料。

纵剖视图是一全剖视图，沿涵洞前后对称平面剖切，它表达了涵洞的长度和高度方向的形状、大小和砌筑材料，并表达了渠道和涵洞的连接关系。

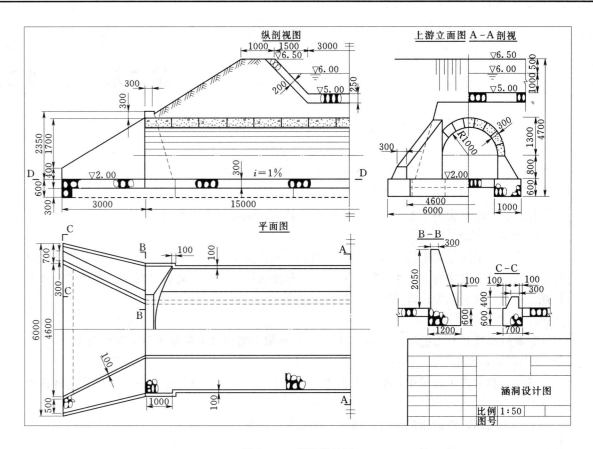

图1-44 涵洞设计图

上游立面图和A-A剖视图是一合成视图，前者反映涵洞进口段的外形，后者反映洞身的形状、拱圈的厚度及各部分尺寸。

B-B、C-C为两个移出断面，分别表达了翼墙右端、左端的断面形状，与进口段下部底板的连接关系、细部尺寸及材料。

（3）深入阅读。根据涵洞的构造特点，可沿涵洞长度方向将其分为进口段、洞身段和出口段三部分进行分析。

进口段：从平面图和上游立面图中可知，进口段为八字翼墙，结合纵剖视图，可以看出翼墙为斜降式，由B-B断面知翼墙材料为浆砌石，两翼墙之间是护底，护底最上游与齿墙合为一体，材料也是浆砌石，在翼墙基础与护底之间设有沉陷缝。

洞身：从合成视图可以看出洞身断面为城门洞形，上部是拱圈，用混凝土砖块砌筑而成，下部是边墙和基础，用浆砌石筑成，从纵剖视图可以看出洞底也为浆砌石筑成，其坡降为1%，以便使水流通畅。

出口段：由于该涵洞上游与下游完全对称，出口形体与进口相同。

（4）归纳总结。通过以上分析，对涵洞的进口段、洞身段和出口段三大组成部分，先逐段构思，然后根据其相对位置关系进行组合，综合想象出整个涵洞的空间形状。

第二篇 水利工程识图实训

任务一 渠 首

根据水工建筑物中渠首工程建筑物的相关知识，识读渠首工程图。

1. 渠首的概念

渠首是为了满足农田的灌溉、水力发电、工业以及生活用水等的需要，在河道的适宜地点建造的由几个建筑物共同组成的水利枢纽，称之为取水枢纽或者引水枢纽。因其位于引水渠道之首，所以又称为渠首或渠首工程，如图2-1所示。

2. 渠首分类

取水枢纽按其有无拦河闸（坝），可分为有坝取水枢纽和无坝取水枢纽两种类型。

3. 深入全面识读（图形表达）

（1）全套渠首工程图中，平面图表达了渠首工程各组成部分的平面布置、形状、材料和大小。

（2）剖面图、结构布局图、配筋图、平面图准确地反映了该渠首工程的施工程序及技术参数。

4. 识图实训条件

（1）准备工作。资料全面，包括水利工程制图标准、水工建筑知识材料、完整图纸、模型及相关图片等。

（2）实训场地。包括多媒体教学设备、绘图设备。

（3）实训考核。指导教师按课程教学纪律要求，结合学生表现和实训成果评定实训成绩。

5. 工程实例

(a)

(b)

图2-1 渠首

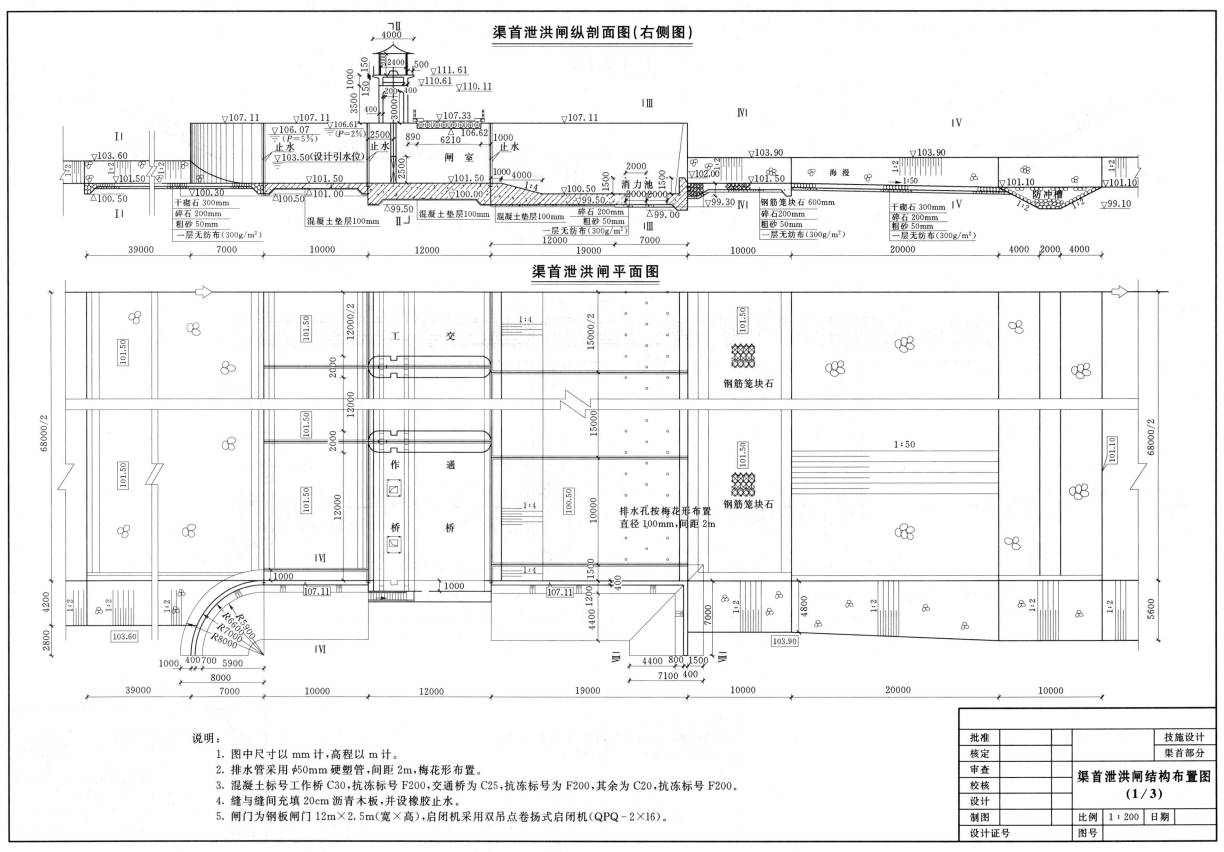

渠首泄洪闸纵剖面图(右侧图)

渠首泄洪闸平面图

说明：
1. 图中尺寸以 mm 计，高程以 m 计。
2. 排水管采用 φ50mm 硬塑管，间距 2m，梅花形布置。
3. 混凝土标号工作桥 C30，抗冻标号为 F200，交通桥为 C25，抗冻标号为 F200，其余为 C20，抗冻标号 F200。
4. 缝与缝间充填 20cm 沥青木板，并设橡胶止水。
5. 闸门为钢板闸门 12m×2.5m(宽×高)，启闭机采用双吊点卷扬式启闭机(QPQ-2×16)。

批准			技施设计
核定			渠首部分
审查			**渠首泄洪闸结构布置图**
校核			**(1/3)**
设计			
制图		比例 1：200	日期
设计证号		图号	

17

I—I 剖面图

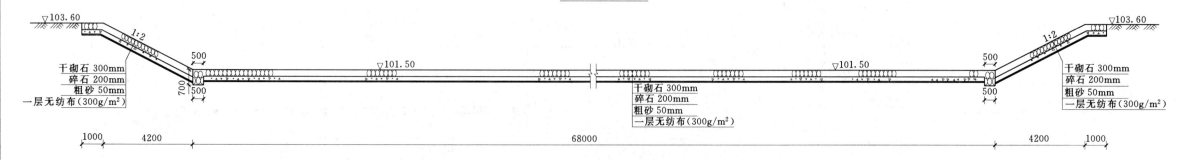

▽103.60

干砌石 300mm
碎石 200mm
粗砂 50mm
一层无纺布(300g/m²)

1:2

500
700
500

▽101.50

▽101.50

500

1:2

▽103.60

干砌石 300mm
碎石 200mm
粗砂 50mm
一层无纺布(300g/m²)

干砌石 300mm
碎石 200mm
粗砂 50mm
一层无纺布(300g/m²)

1000 4200   68000   4200 1000

II—II 剖面图

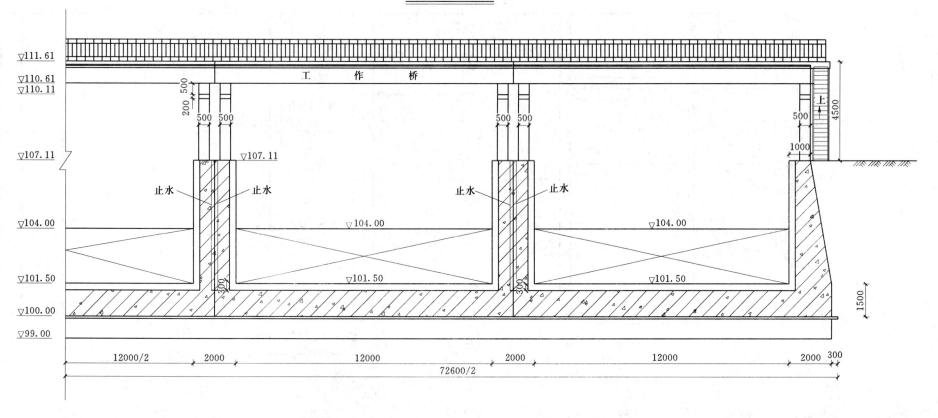

▽111.61
▽110.61
▽110.11

工 作 桥

200 500

500 500

500 500

500

上

4500

▽107.11

▽107.11

止水   止水

止水   止水

1000

▽104.00

▽104.00

▽104.00

▽101.50

▽101.50

▽101.50

1500

▽100.00
▽99.00

12000/2 2000   12000   2000   12000   2000 300

72600/2

说明：
1. 图中尺寸以 mm 计，高程以 m 计。
2. 排水管采用 φ50mm 硬塑管，间距 2m，梅花形布置。
3. 混凝土标号为 C20，抗冻标号为 F200。

渠首泄洪闸结构布置图

批准			技施设计
核定			渠首部分
审查			**渠首泄洪闸结构布置图** **(2/3)**
校核			
设计			
制图		比例 1：100	日期
设计证号		图号	

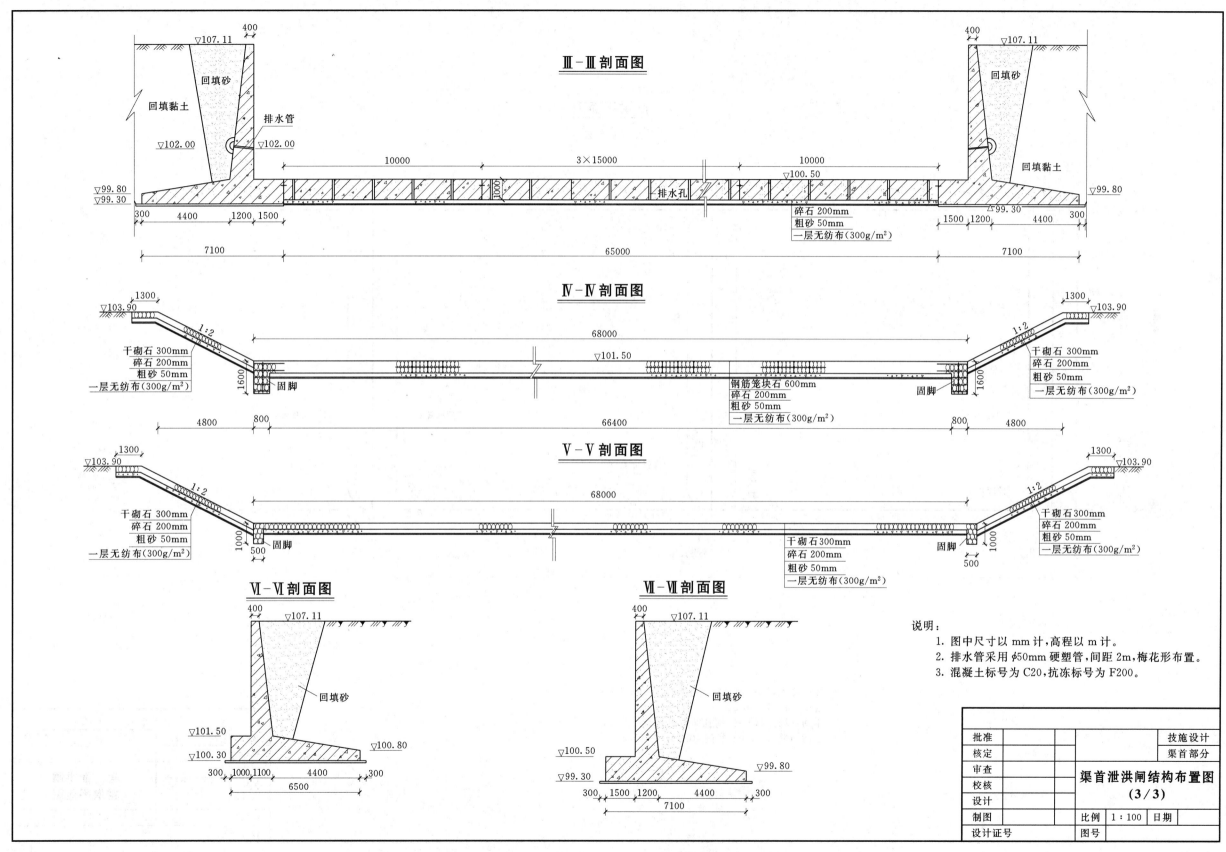

Ⅲ-Ⅲ剖面图

回填黏土

回填砂

排水管

▽107.11

▽102.00　▽102.00

▽99.80
▽99.30

300　4400　1200　1500

7100

10000　　3×15000　　排水孔　　10000

▽100.50

1000

▽99.30
▽99.80

1500　1200　4400　300

碎石 200mm
粗砂 50mm
一层无纺布(300g/m²)

65000

7100

Ⅳ-Ⅳ剖面图

1300　▽103.90

干砌石 300mm
碎石 200mm
粗砂 50mm
一层无纺布(300g/m²)

1:2

1600

固脚

▽101.50

68000

钢筋笼块石 600mm
碎石 200mm
粗砂 50mm
一层无纺布(300g/m²)

固脚　1600

1:2

干砌石 300mm
碎石 200mm
粗砂 50mm
一层无纺布(300g/m²)

1300　▽103.90

4800　800　　66400　　800　4800

Ⅴ-Ⅴ剖面图

1300　▽103.90

干砌石 300mm
碎石 200mm
粗砂 50mm
一层无纺布(300g/m²)

1:2

1000
500

固脚

68000

干砌石 300mm
碎石 200mm
粗砂 50mm
一层无纺布(300g/m²)

固脚

1000
500

1:2

干砌石 300mm
碎石 200mm
粗砂 50mm
一层无纺布(300g/m²)

1300　▽103.90

Ⅵ-Ⅵ剖面图

400　▽107.11

回填砂

▽101.50

▽100.80

▽100.30

300　1000　1100　4400　300

6500

Ⅶ-Ⅶ剖面图

400　▽107.11

回填砂

▽100.50

▽99.30　▽99.80

300　1500　1200　4400　300

7100

说明:
1. 图中尺寸以 mm 计,高程以 m 计。
2. 排水管采用 φ50mm 硬塑管,间距 2m,梅花形布置。
3. 混凝土标号为 C20,抗冻标号为 F200。

批准			技施设计
核定			渠首部分
审查			**渠首泄洪闸结构布置图 (3/3)**
校核			
设计			
制图		比例 1:100	日期
设计证号		图号	

19

闸墩平面图

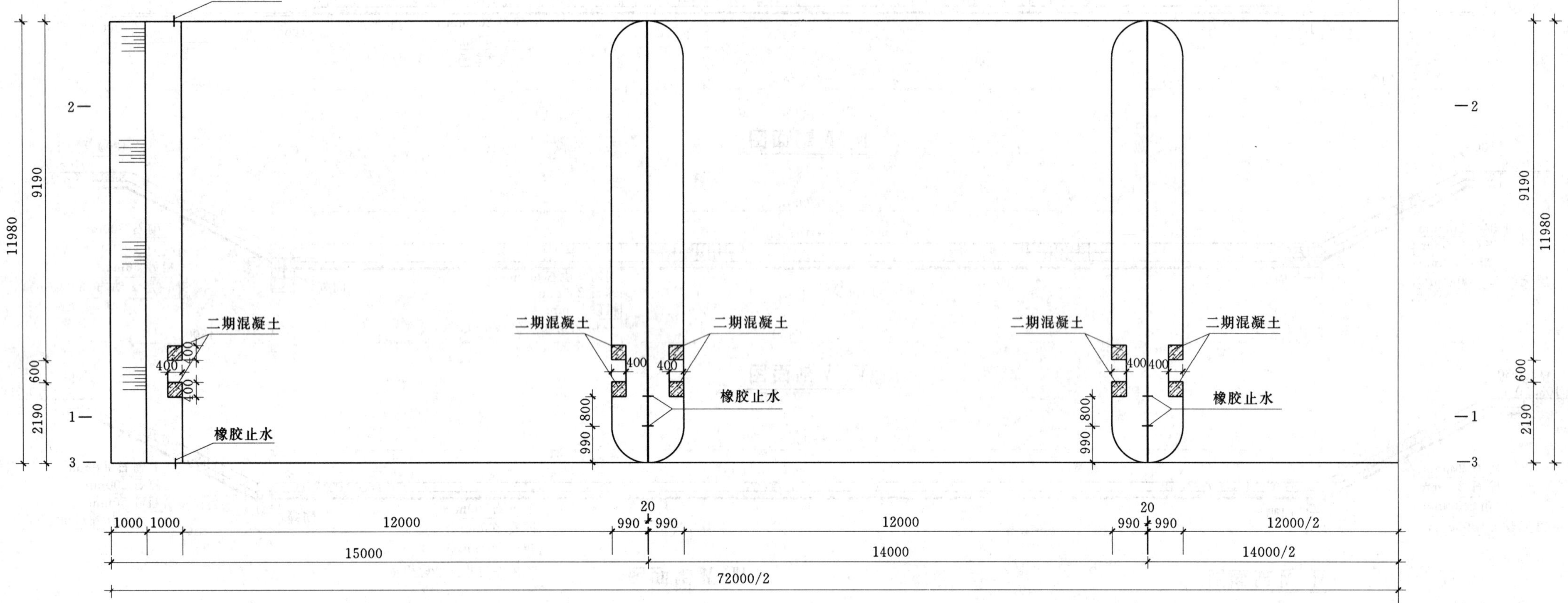

橡胶止水

二期混凝土

二期混凝土 二期混凝土

二期混凝土 二期混凝土

橡胶止水

橡胶止水

橡胶止水

11980

9190

2190

600

400

990 800

400 400

990 800

400 400

1000 1000

12000

20
990 990

12000

20
990 990

12000/2

15000

14000

14000/2

72000/2

说明:
1. 图中高程以 m 为单位,其他尺寸以 mm 为单位。
2. 混凝土标号采用 C20,抗冻标号 F200。
3. 本闸室段共有 5 孔,每孔净宽 12m。
4. 结构间缝宽 20mm,每侧 10mm。

批准			技施设计
核定			渠首部分
审查			**渠首泄洪闸 闸墩平面图**
校核			
设计			
制图		比例 1:50	日期
设计证号		图号	

中墩迎水面配筋图

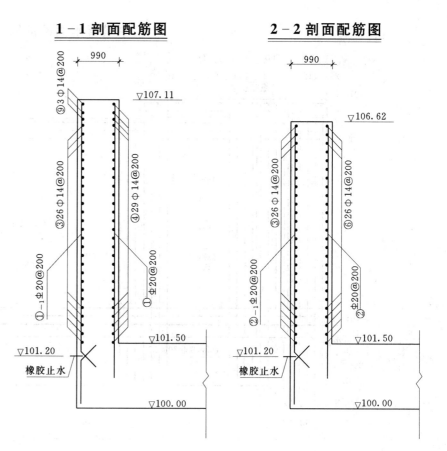

1-1剖面配筋图

2-2剖面配筋图

I-I剖面配筋图

橡胶止水

预埋件见金属结构图

说明:
1. 图中高程以 m 为单位,其他尺寸以 mm 为单位。
2. 混凝土标号采用 C20,抗冻标号 F200。
3. 钢筋保护层厚度为 100mm。
4. 受力钢筋为Ⅱ级钢筋,分布钢筋为Ⅰ级钢筋。
5. 钢筋弯钩长度为 6.25d,锚固长度为Ⅰ级钢筋 30d,Ⅱ级钢筋 40d。
6. 图中钢筋量及材料量为中孔一侧闸墩量,本设计共有中墩 8 个。

批准			技施设计
核定			渠首部分
审查			**渠首泄洪闸** **中墩配筋图(1/2)**
校核			
设计			
制图		比例 1:50	日期
设计证号		图号	

中墩背水面配筋图

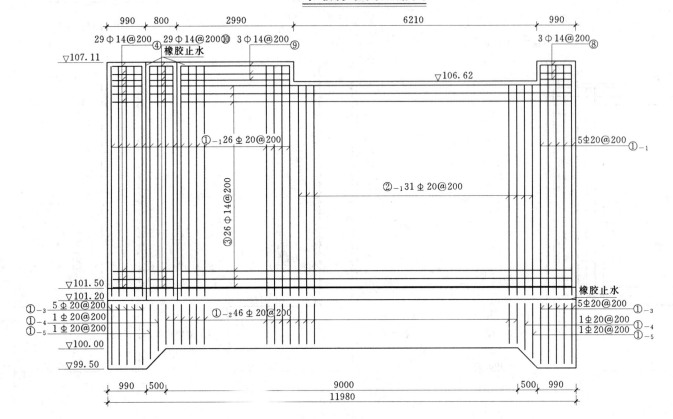

Ⅱ—Ⅱ剖面配筋图

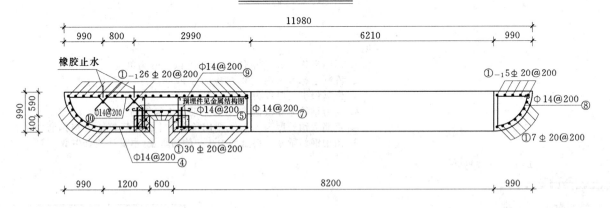

钢筋表

编号	规格	型式	型长/mm	弯钩/mm	单根长/mm	根数	总长/m
①	Φ20		6310		6310	37	233.47
①—1	Φ20	5710 135°/500	6210		6210	31	192.51
①—2	Φ20	1000 135°/500	1500		1500	46	69.00
①—3	Φ20	1500 135°/500	2000		2000	10	20.00
①—4	Φ20	1159 135°/500	1659		1659	2	3.32
①—5	Φ20	1359 135°/500	1859		1859	2	3.72
②	Φ20		5820		5820	31	180.42
②—1	Φ20	5220 135°/500	5720		5720	31	177.32
③	Φ14	9984 135°/420	10404	175	10579	26	275.05
④	Φ14	754 420 / 1128 1073 693	4068	175	4243	29	123.05
⑤	Φ14	1440	1440	175	1615	29	46.84
⑥	Φ14	693 82° / 8073 1128	9894	175	10069	26	261.79
⑦	Φ14	693 1763 746	3202	175	3377	3	10.13
⑧	Φ14	784 731 75° 1128	2643	175	2818	3	8.45
⑨	Φ14	135° 2790	3210	175	3385	3	10.16
⑩	Φ14	135° 135° / 420 600 420	1440	175	1615	29	46.84

材料表

规格/mm	总长/m	单位重/(kg·m⁻¹)	总重/kg	备注
Φ20	879.76	2.466	2169.4	钢筋为Ⅰ级、Ⅱ级钢筋;
Φ14	782.31	1.208	945.02	C20 混凝土:60.52m³
合计			3114.50	

说明:
1. 图中高程以 m 为单位,其他尺寸以 mm 为单位。
2. 混凝土标号采用 C20,抗冻标号 F200。
3. 钢筋保护层厚度为 100mm。
4. 受力钢筋为Ⅱ级钢筋,分布钢筋为Ⅰ级钢筋。
5. 钢筋弯钩长度为 6.25d,锚固长度为Ⅰ级钢筋 30d,Ⅱ级钢筋 40d。
6. 图中钢筋量及材料量为中孔一侧闸墩量,本设计共有中墩 8 个。

			技施设计
批准			渠首部分
核定			
审查			**渠首泄洪闸**
校核			**中墩配筋图(2/2)**
设计			
制图		比例 1:50	日期
设计证号		图号	

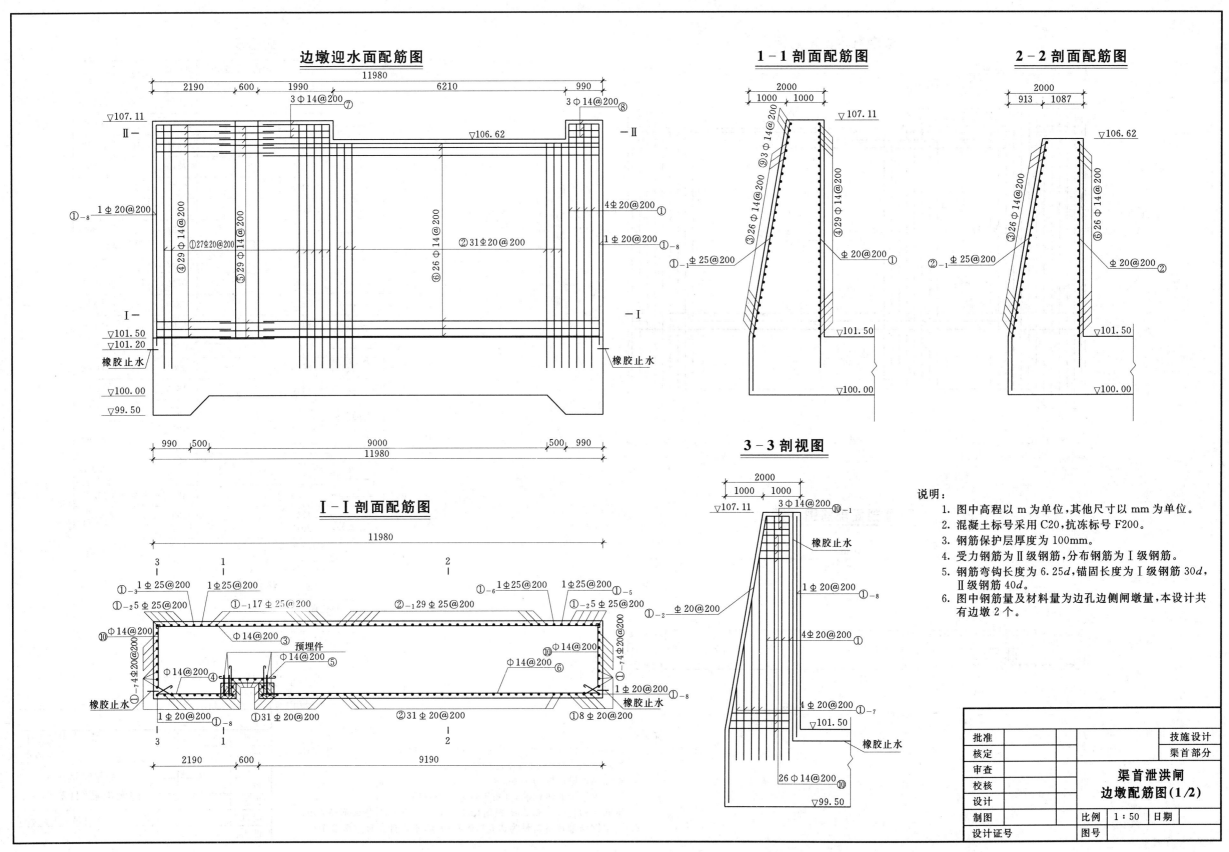

边墩迎水面配筋图

1-1 剖面配筋图

2-2 剖面配筋图

Ⅰ-Ⅰ 剖面配筋图

3-3 剖视图

说明：
1. 图中高程以 m 为单位，其他尺寸以 mm 为单位。
2. 混凝土标号采用 C20，抗冻标号 F200。
3. 钢筋保护层厚度为 100mm。
4. 受力钢筋为Ⅱ级钢筋，分布钢筋为Ⅰ级钢筋。
5. 钢筋弯钩长度为 6.25d，锚固长度为Ⅰ级钢筋 30d，Ⅱ级钢筋 40d。
6. 图中钢筋量及材料量为边孔边侧闸墩量，本设计共有边墩 2 个。

批准		技施设计
核定		渠首部分
审查		渠首泄洪闸 边墩配筋图(1/2)
校核		
设计		
制图		比例 1:50 日期
设计证号		图号

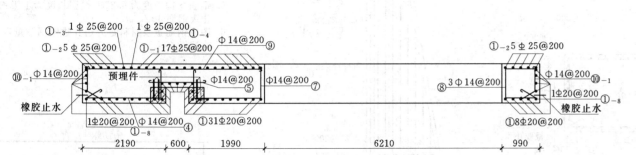

边墩背水面配筋图

Ⅱ-Ⅱ剖面配筋图

钢筋表

编号	规格	型式	型长/mm	弯钩/mm	公差/mm	单根长/mm	根数	总长/m
①	Φ20	—	6310			6310	39	246.09
①-1	Φ25		6997			6997	17	118.95
①-2	Φ25		7497			7497	10	74.97
①-3	Φ25		7375			7375	1	7.38
①-4	Φ25		7175			7175	1	7.18
①-5	Φ25		6857			6857	1	6.86
①-6	Φ25		6657			6657	1	6.66
①-7	Φ20		1916~5282	1122		1916~5282	4×2	28.79
①-8	Φ20		5710			5710	1×2	11.42
②	Φ20		5820			5820	31	180.42
②-1	Φ25		6490			6490	29	188.21
③	Φ14		11780	175		11955	26	310.83
④	Φ14		3076	175		3251	29	94.28
⑤	Φ14		1440	175		1615	29	46.84
⑥	Φ14		10076	175		10251	26	266.53
⑦	Φ14		3246~3306	175	30	3421~3481	3	10.35
⑧	Φ14		2757~2817	175	30	2932~2992	3	8.89
⑨	Φ14		4580	175		4755	3	14.27
⑩	Φ14		1124~2015	175	35.6	1299~2910	26×2	90.71
⑩-1	Φ14		1037~1097	175	30	1212~1272	3×2	7.45

材料表

规格/mm	总长/m	单位重/(kg·m⁻¹)	总重/kg	备注
Φ25	410.19	3.85	1579.24	
Φ20	466.72	2.466	1150.94	钢筋为Ⅰ级、Ⅱ级钢筋；
Φ14	850.14	1.208	1026.97	C20混凝土：96.46m³
合计			3757.15	

说明：
1. 图中高程以 m 为单位，其他尺寸以 mm 为单位。
2. 混凝土标号采用C20，抗冻标号F200。
3. 钢筋保护层厚度为100mm。
4. 受力钢筋为Ⅱ级钢筋，分布钢筋为Ⅰ级钢筋。
5. 钢筋弯钩长度为6.25d，锚固长度为Ⅰ级钢筋30d，Ⅱ级钢筋40d。
6. 图中钢筋量及材料量为边孔边侧闸墩量，本设计共有边墩2个。

批准			技施设计
核定			渠首部分
审查			
校核		**渠首泄洪闸**
设计		**边墩配筋图(2/2)**
制图		比例 1:50 日期
设计证号		图号

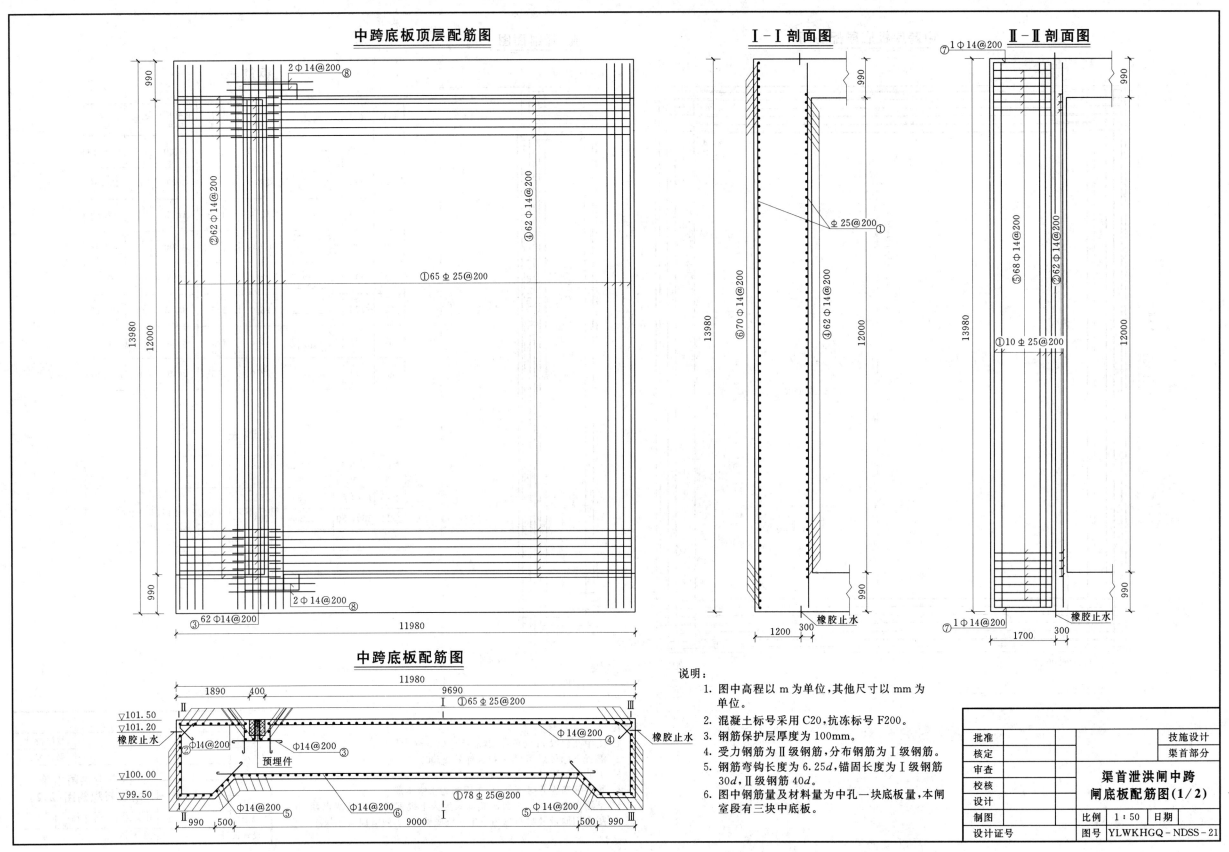

中跨底板顶层配筋图

Ⅰ-Ⅰ剖面图

Ⅱ-Ⅱ剖面图

中跨底板配筋图

说明：
1. 图中高程以 m 为单位，其他尺寸以 mm 为单位。
2. 混凝土标号采用 C20，抗冻标号 F200。
3. 钢筋保护层厚度为 100mm。
4. 受力钢筋为Ⅱ级钢筋，分布钢筋为Ⅰ级钢筋。
5. 钢筋弯钩长度为 6.25d，锚固长度为Ⅰ级钢筋 30d，Ⅱ级钢筋 40d。
6. 图中钢筋量及材料量为中孔一块底板量，本闸室段有三块中底板。

批准			技施设计
核定			渠首部分
审查			
校核			**渠首泄洪闸中跨**
设计			**闸底板配筋图(1/2)**
制图		比例 1:50	日期
设计证号		图号 YLWKHGQ-NDSS-21	

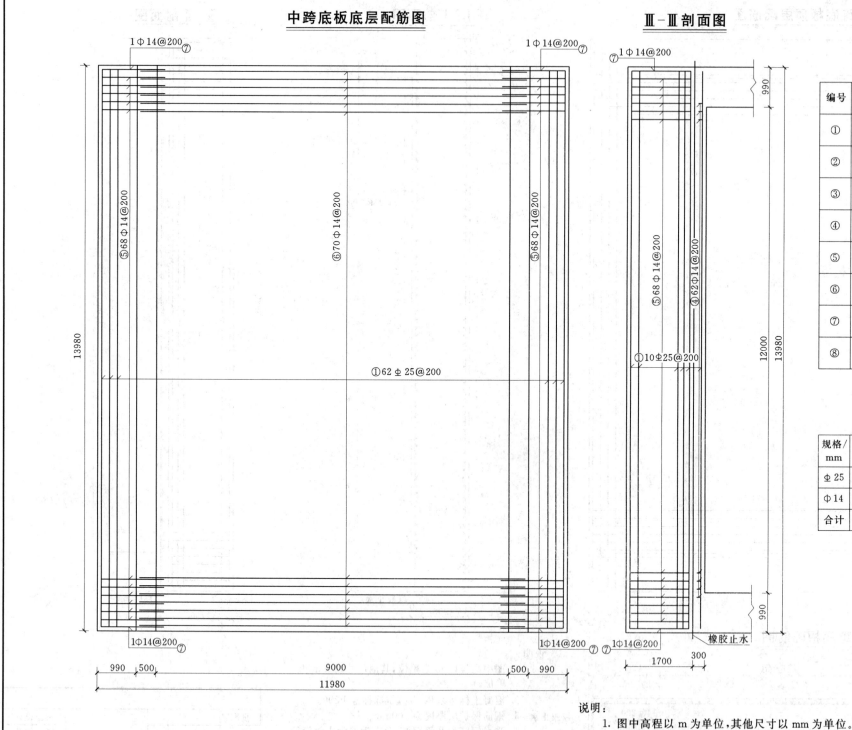

钢筋表

编号	规格	型式	型长/mm	弯钩/mm	单根长/mm	根数	总长/m
①	Φ 25	———	13780		13780	143	1970.54
②	Φ 14	⌐68∕420⌐1658⌐688	2834	175	3009	62	186.56
③	Φ 14	⌐——⌐	1240	175	1415	62	87.73
④	Φ 14	688⌐9458∕420⌐68	10634	175	10809	62	670.16
⑤	Φ 14	1072∕803∕420∕1468	3763	175	3938	136	535.57
⑥	Φ 14	⌐——⌐	9840	175	10015	70	701.05
⑦	Φ 14	1072∕803∕1468	3343	175	3518	4	14.07
⑧	Φ 14	⌐——⌐	2240	175	2415	4	9.66

材料表

规格/mm	总长/m	单位重/(kg·m⁻¹)	总重/kg	备注
Φ 25	1970.54	3.85	7586.58	钢筋为Ⅰ级、Ⅱ级钢筋;
Φ 14	2204.80	1.208	2663.39	C20混凝土:269.50m³
合计			10249.97	

说明:
1. 图中高程以 m 为单位,其他尺寸以 mm 为单位。
2. 混凝土标号采用 C20,抗冻标号 F200。
3. 钢筋保护层厚度为 100mm。
4. 受力钢筋为Ⅱ级钢筋,分布钢筋为Ⅰ级钢筋。
5. 钢筋弯钩长度为 6.25d,锚固长度为Ⅰ级钢筋 30d,Ⅱ级钢筋 40d。
6. 图中钢筋量及材料量为中孔一块底板量,本闸室段有三块中底板。

批准			技施设计
核定			渠首部分
审查			**渠首泄洪闸中跨**
校核			**闸底板配筋图(2/2)**
设计			
制图		比例	1:50	日期
设计证号		图号	

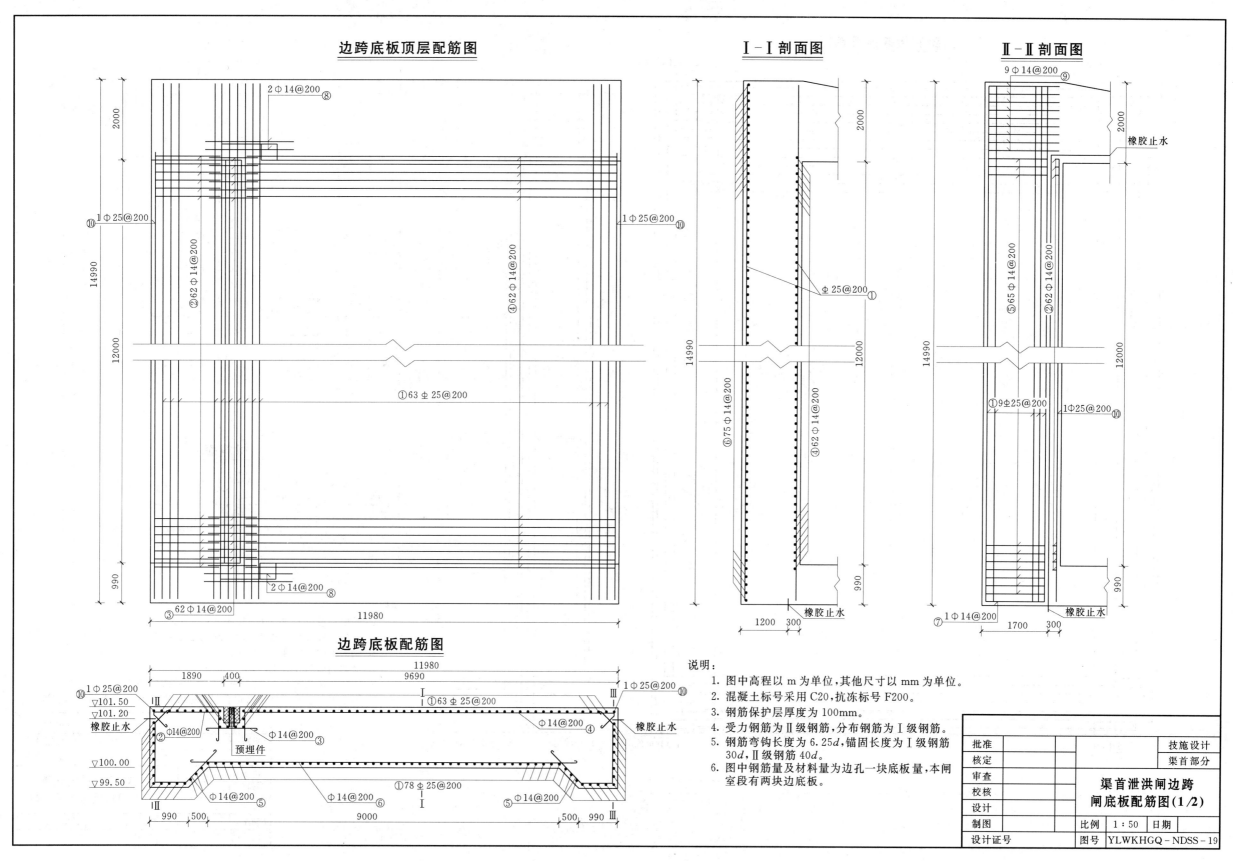

边跨底板顶层配筋图

Ⅰ－Ⅰ剖面图

Ⅱ－Ⅱ剖面图

边跨底板配筋图

说明：
1. 图中高程以 m 为单位，其他尺寸以 mm 为单位。
2. 混凝土标号采用 C20，抗冻标号 F200。
3. 钢筋保护层厚度为 100mm。
4. 受力钢筋为Ⅱ级钢筋，分布钢筋为Ⅰ级钢筋。
5. 钢筋弯钩长度为 6.25d，锚固长度为Ⅰ级钢筋 30d，Ⅱ级钢筋 40d。
6. 图中钢筋量及材料量为边孔一块底板量，本闸室段有两块边底板。

批准			技施设计
核定			渠首部分
审查			渠首泄洪闸边跨
校核			闸底板配筋图(1/2)
设计			
制图		比例	1：50	日期
设计证号		图号	YLWKHGQ-NDSS-19

27

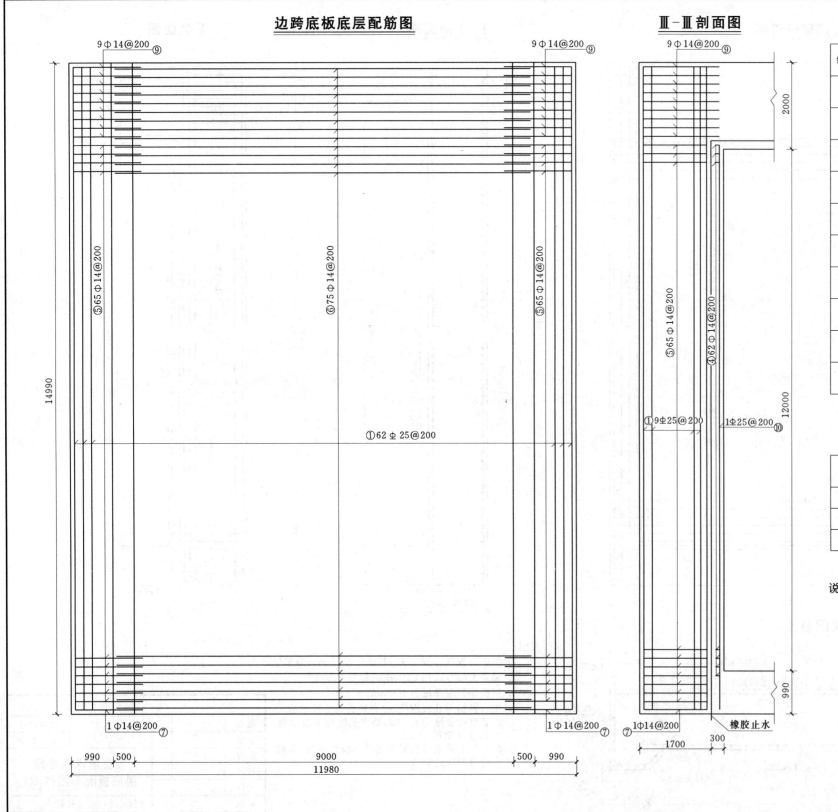

边跨底板底层配筋图

Ⅲ-Ⅲ剖面图

钢筋表

编号	规格	型式	型长/mm	弯钩/mm	单根长/mm	根数	总长/m
①	Φ25	——	14790		14790	141	2085.39
②	Φ14	420◯1658◯688	2834	175	3009	62	186.56
③	Φ14	◯—◯	1240	175	1415	62	87.73
④	Φ14	688◯9458◯420◯68	10634	175	10809	62	670.16
⑤	Φ14	1072◯803◯420◯1468	3763	175	3938	130	511.94
⑥	Φ14	——	9840	175	10015	75	751.13
⑦	Φ14	1072◯803◯1468	3343	175	3518	2	7.04
⑧	Φ14	◯—◯	2240	175	2415	4	9.66
⑨	Φ14	1072◯803◯1800	3675	175	3850	18	69.30
⑩	Φ25	——	13090		13090	2	26.18

材料表

规格/mm	总长/m	单位重/(kg·m⁻¹)	总重/kg	备注
Φ25	2111.57	3.85	8129.54	钢筋为Ⅰ级、Ⅱ级钢筋；C20混凝土：288.75m³
Φ14	2293.51	1.208	2770.56	
合计			10900.10	

说明：
1. 图中高程以 m 为单位，其他尺寸以 mm 为单位。
2. 混凝土标号采用 C20，抗冻标号 F200。
3. 钢筋保护层厚度为 100mm。
4. 受力钢筋为Ⅱ级钢筋，分布钢筋为Ⅰ级钢筋。
5. 钢筋弯钩长度为 6.25d，锚固长度为Ⅰ级钢筋 30d，Ⅱ级钢筋 40d。
6. 图中钢筋量及材料量为边孔一块底板量，本闸室段有两块边底板。

			技施设计
批准			渠首部分
核定			
审查			**渠首泄洪闸边跨**
校核			**闸底板配筋图(2/2)**
设计			
制图		比例 1:50	日期
设计证号		图号	

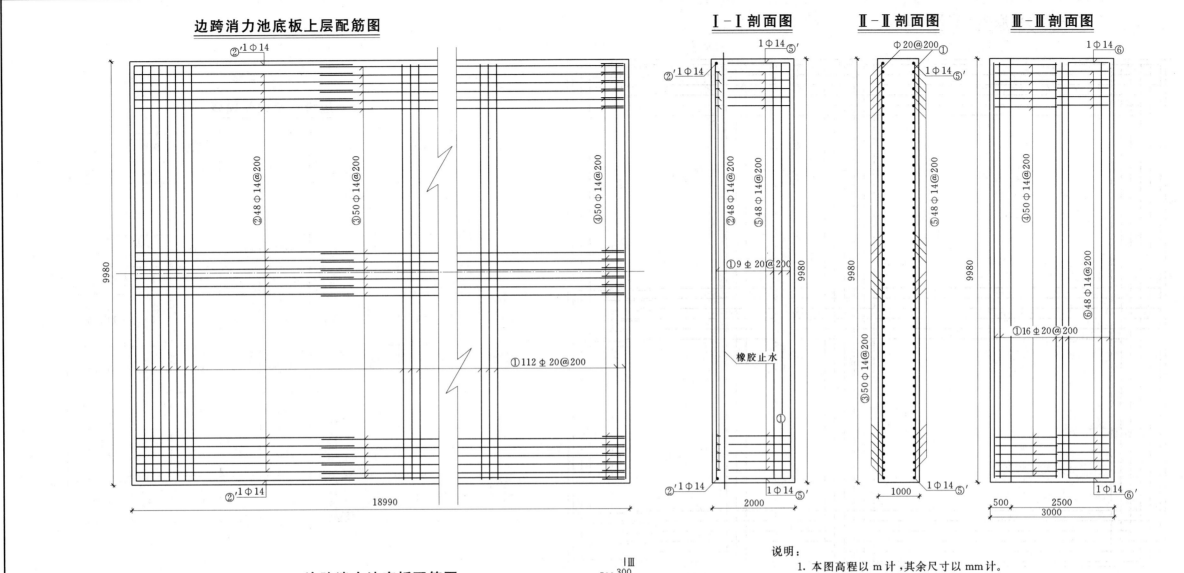

边跨消力池底板上层配筋图

Ⅰ-Ⅰ剖面图

Ⅱ-Ⅱ剖面图

Ⅲ-Ⅲ剖面图

边跨消力池底板配筋图

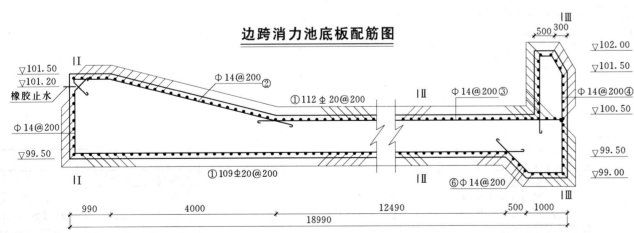

说明:

1. 本图高程以 m 计,其余尺寸以 mm 计。
2. 混凝土标号为C20,抗冻标号 F200。
3. 混凝土保护层为100mm。
4. 受力筋采用Ⅱ级钢筋,其余采用Ⅰ级钢筋。
5. Ⅰ级钢筋锚固长度为 30d,Ⅱ级钢筋锚固长度为 40d。
6. 弯钩长度为 6.25d。
7. 图中钢筋量及材料量为边孔一块底板量,本图边孔共两块。

批准			技施设计
核定			渠首部分
审查			**渠首泄洪闸边跨消力池底板配筋图(1/2)**
校核			
设计			
制图		比例 1:50	日期
设计证号		图号	

29

边跨消力池底板下层配筋图

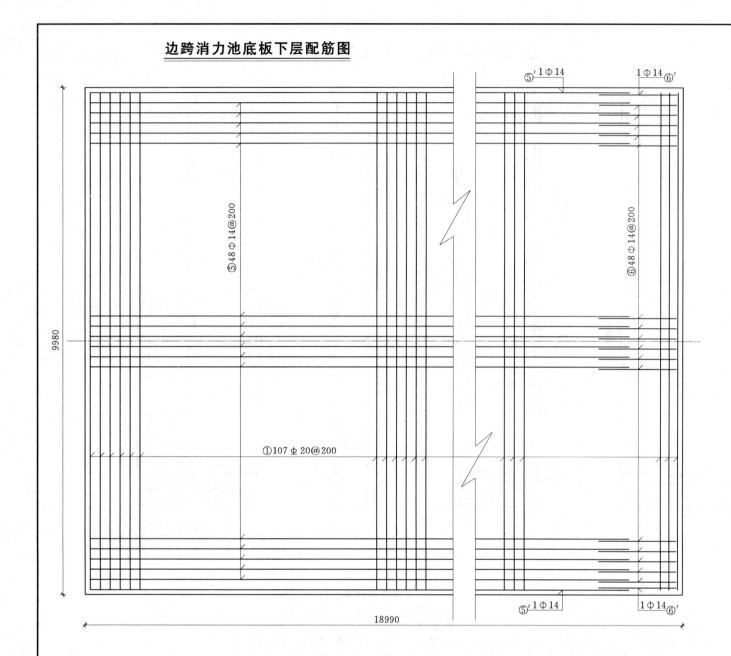

⑤1Φ14 1Φ14⑥'

⑥48Φ14@200

⑤48Φ14@200

①107Φ20@200

9980

18990

⑤'1Φ14 1Φ14⑥'

边跨一跨钢筋量表

编号	规格	型式	型长/mm	弯钩/mm	单根长/mm	根数	总长/m
①	Φ20		9780		9780	221	2161.38
②	Φ14	867 4527 73 135° 166° 304	5887	175	6062	48	290.98
②'	Φ14	867 4527 166°	5394	175	5569	2	11.14
③	Φ14		14293	175	14468	50	723.40
④	Φ14	301 1793 121° 1092 974	3662	175	3837	50	191.85
⑤	Φ14	420 1473 135° 17783	19676	175	19851	48	952.85
⑤'	Φ14	1473 17783	19256	175	19431	2	38.87
⑥	Φ14	1075 135° 1246 820	3141	175	3316	48	159.17
⑥'	Φ14	1075 135° 973 820	2868	175	3043	2	6.09

边跨一跨材料表

规格	总长/m	单位重/(kg·m⁻¹)	总重/kg	备　注
Φ14	2374.33	1.208	2868.19	
Φ20	2161.38	2.466	5329.96	C20混凝土:237.5m³
合计			8198.15	

说明:
1. 本图高程以 m 计,其余尺寸以 mm 计。
2. 混凝土标号为 C20,抗冻标号 F200。
3. 混凝土保护层为 100mm。
4. 受力筋采用Ⅱ级钢筋,其余采用Ⅰ级钢筋。
5. Ⅰ级钢筋锚固长度为 30d,Ⅱ级钢筋锚固长度为 40d。
6. 弯钩长度为 6.25d。
7. 图中钢筋量及材料量为边孔一块底板量,本图边孔共两块。

批准			技施设计
核定			渠首部分
审查			
校核			**渠首泄洪闸边跨消力池**
设计			**底板配筋图(2/2)**
制图			
设计证号		比例 1:50	日期
		图号	

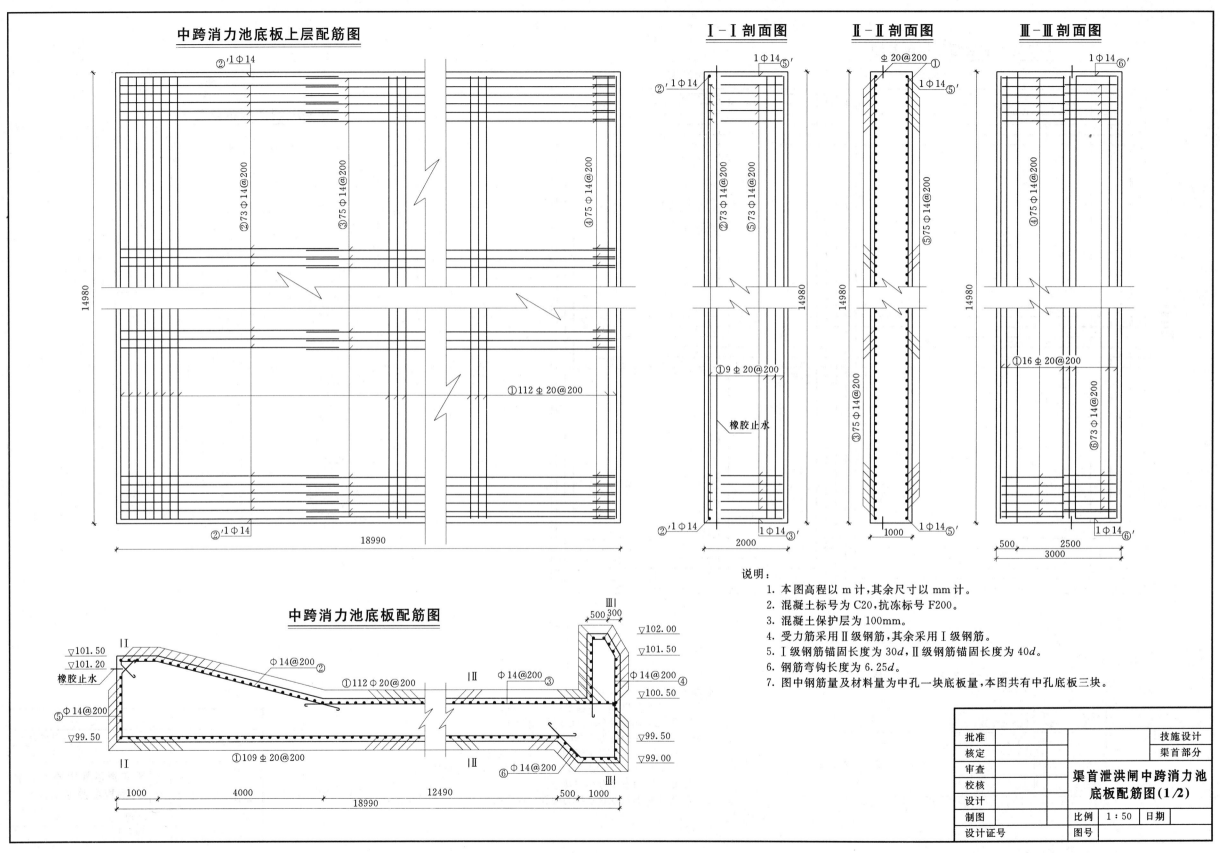

中跨消力池底板上层配筋图

Ⅰ-Ⅰ剖面图 Ⅱ-Ⅱ剖面图 Ⅲ-Ⅲ剖面图

中跨消力池底板配筋图

说明：
1. 本图高程以 m 计，其余尺寸以 mm 计。
2. 混凝土标号为 C20，抗冻标号为 F200。
3. 混凝土保护层为 100mm。
4. 受力筋采用Ⅱ级钢筋，其余采用Ⅰ级钢筋。
5. Ⅰ级钢筋锚固长度为 30d，Ⅱ级钢筋锚固长度为 40d。
6. 钢筋弯钩长度为 6.25d。
7. 图中钢筋量及材料量为中孔一块底板量，本图共有中孔底板三块。

批准			技施设计
核定			渠首部分
审查			渠首泄洪闸中跨消力池
校核			底板配筋图(1/2)
设计			
制图		比例　1：50	日期
设计证号		图号	

31

中跨消力池底板下层配筋图

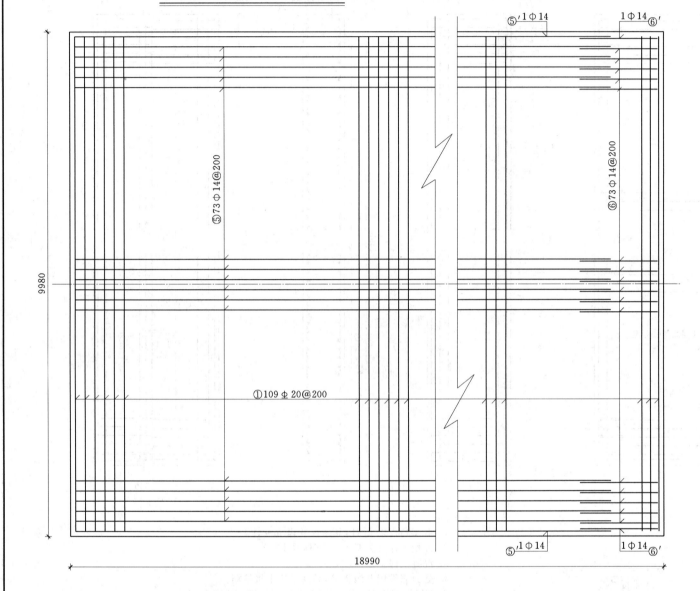

中跨一块底板钢筋量表

编号	规格	型式	型长/mm	弯钩/mm	单根长/mm	根数	总长/m
①	Φ20		14780		14780	221	3266.38
②	Φ14		5887	175	6062	73	442.53
②′	Φ14		5394	175	5569	2	11.14
③	Φ14		14293	175	14468	75	1085.10
④	Φ14		3662	175	3837	73	287.78
⑤	Φ14		19676	175	19851	73	1449.12
⑤′	Φ14		19256	175	19431	2	38.86
⑥	Φ14		3141	175	3316	73	242.07
⑥′	Φ14		2868	175	3043	2	6.09

中跨一块底板材料量表

规格	总长/m	单位重/(kg·m⁻¹)	总重/kg	备 注
Φ14	3562.68	1.208	4303.72	C20混凝土:356.25m³
Φ20	3266.38	2.466	8054.89	
合计			12358.61	

说明:
1. 本图高程以 m 计,其余尺寸以 mm 计。
2. 混凝土标号为 C20,抗冻标号 F200。
3. 混凝土保护层为 100mm。
4. 受力筋采用Ⅱ级钢筋,其余采用Ⅰ级钢筋。
5. Ⅰ级钢筋锚固长度为 30d,Ⅱ级钢筋锚固长度为 40d。
6. 钢筋弯钩长度为 6.25d。
7. 图中钢筋量及材料量为中孔一块底板量,本图共有中孔底板三块。

批准			技施设计
核定			渠首部分
审查			**渠首泄洪闸中跨消力池底板配筋图(2/2)**
校核			
设计			
制图		比例 1:50	日期
设计证号		图号	

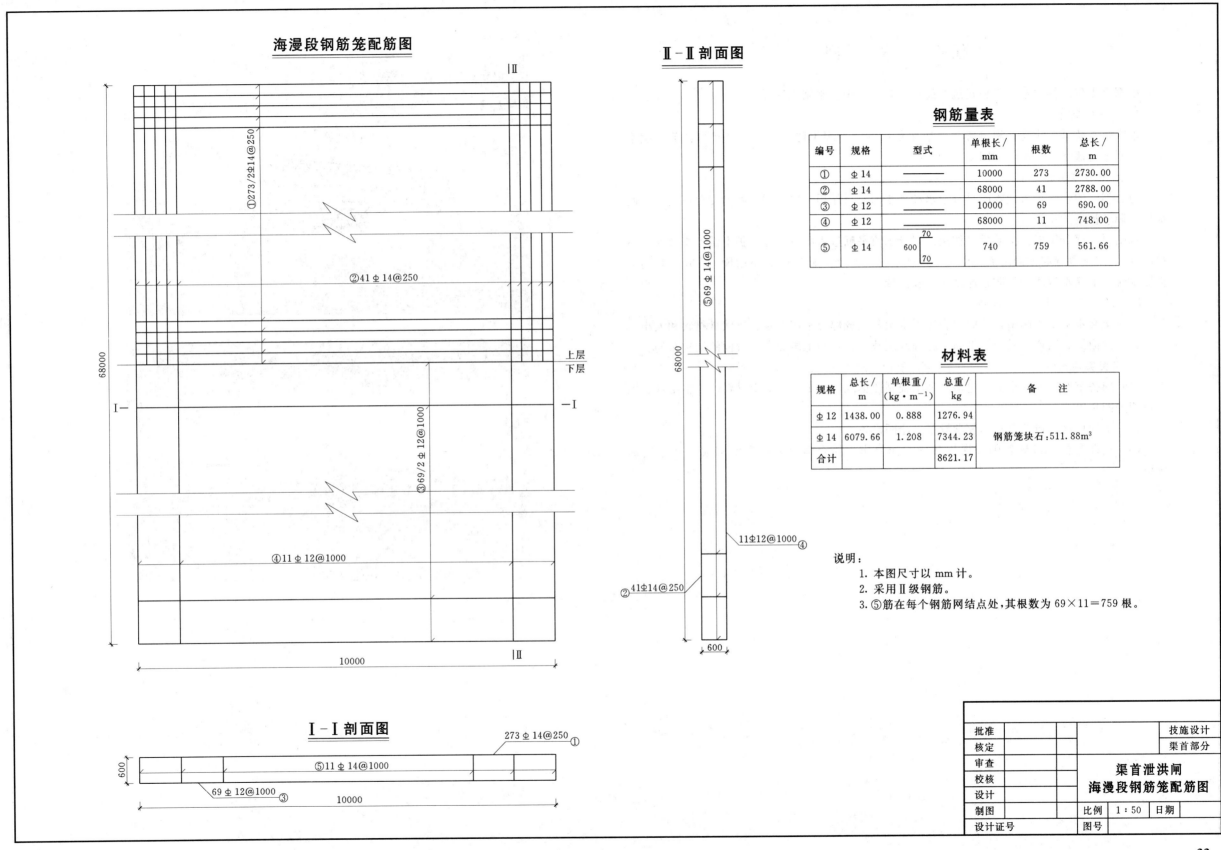

海漫段钢筋笼配筋图

Ⅱ-Ⅱ剖面图

Ⅰ-Ⅰ剖面图

钢筋量表

编号	规格	型式	单根长/mm	根数	总长/m
①	Φ14		10000	273	2730.00
②	Φ14		68000	41	2788.00
③	Φ12		10000	69	690.00
④	Φ12		68000	11	748.00
⑤	Φ14	600 70 / 70	740	759	561.66

材料表

规格	总长/m	单根重/(kg·m⁻¹)	总重/kg	备注
Φ12	1438.00	0.888	1276.94	
Φ14	6079.66	1.208	7344.23	钢筋笼块石:511.88m³
合计			8621.17	

说明:
1. 本图尺寸以 mm 计。
2. 采用Ⅱ级钢筋。
3. ⑤筋在每个钢筋网结点处,其根数为 69×11=759 根。

批准		技施设计
核定		渠首部分
审查		**渠首泄洪闸**
校核		**海漫段钢筋笼配筋图**
设计		
制图		比例 1:50 日期
设计证号		图号

任务二 水 闸

根据水工建筑物中水闸工程建筑物的相关知识，识读水闸工程图。

1. 水闸的概念

水闸是在防洪、排涝、灌溉等方面应用很广的一种水工建筑物。节制闸是调节上游水位、控制下泄流量的水闸，如图2-2所示。

2. 水闸的作用和组成

通过闸门的启闭，可使水闸具有泄水和挡水的双重作用。更改闸门的高度可以起到控制水位和调节流量的作用。

水闸由三部分组成：上游段（作用是引导水流平顺进入闸室，并保护上游河岸及河床不受冲刷）、闸室段（起控制水流的作用，包括沙门、闸墩、闸底板）、下游段（作用是均匀地扩散水流，消除水流能量，防止冲刷河岸和河床。）

3. 深入全面识读（图形表达）

（1）全套水闸工程图中，平面图表达了水闸各组成部分平面布置、形状、材料和大小。

（2）剖面图、结构布局图、平面图准确地反映了该水闸上游面和下游面的结构布局。

4. 识图实训条件

（1）准备工作。资料全面，包括水利工程制图标准、水工建筑知识材料、完整图纸、模型及相关图片等。

（2）实训场地。包括多媒体教学设备、绘图设备。

（3）实训考核。指导教师按课程教学纪律要求，结合学生表现和实训成果评定实训成绩。

5. 工程实例

（a）

（b）

图2-2 水闸

纵剖面图

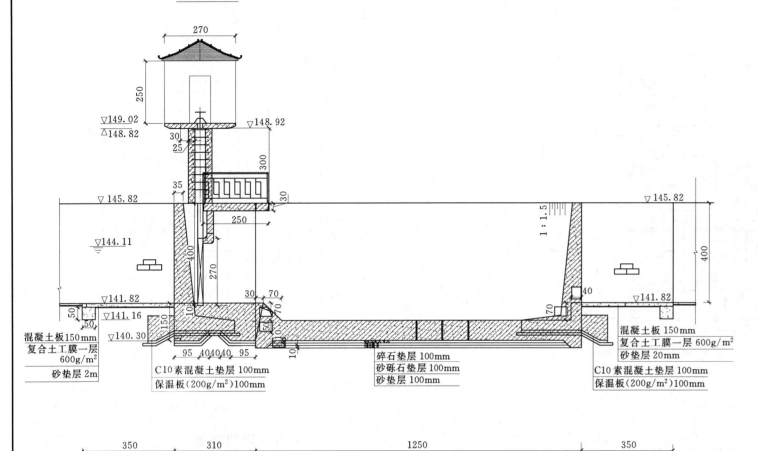

混凝土板150mm
复合土工膜一层600g/m²
砂垫层2m

C10素混凝土垫层100mm
保温板（200g/m²）100mm

碎石垫层100mm
砂砾石垫层100mm
砂垫层100mm

混凝土板150mm
复合土工膜一层600g/m²
砂垫层20mm

C10素混凝土垫层100mm
保温板（200g/m²）100mm

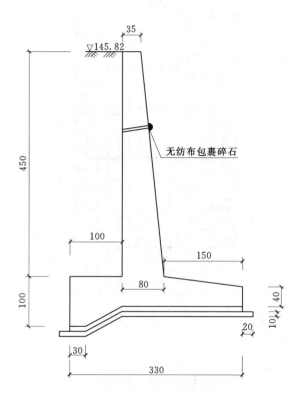

无纺布包裹碎石

工作桥柱剖面图 1∶20

闸室底板上层配筋图 1:50

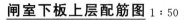
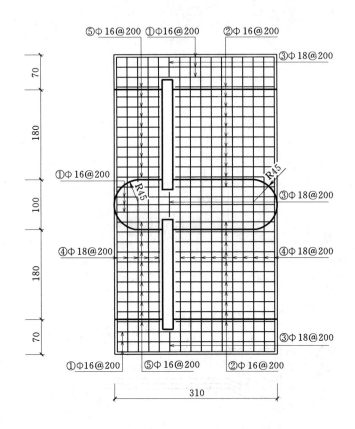

闸室下板上层配筋图 1:50

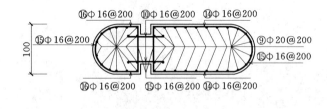

闸墩剖面配筋图 1:50

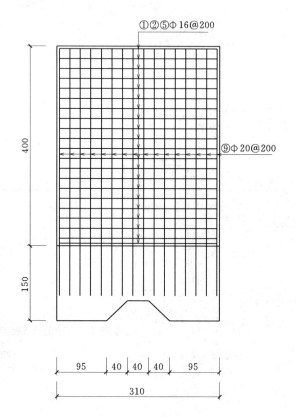

闸墩底板剖面配筋图 1:50

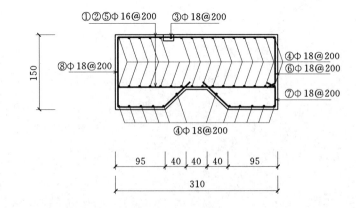

闸墩平面配筋图 1:50

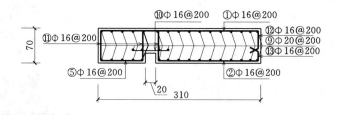

闸墩平面配筋图 1:50

闸室段钢筋表

编号	直径	钢筋型式/cm	单根长/cm	根数	总长/m	总重量/kg
①	16	300	300	86	258.00	407.64
②	16	190	190	68	129.20	204.14
③	18	50	50	3	1.50	3.00
④	18	590	590	43	253.70	507.40
⑤	16	80	80	68	54.40	85.95
⑥	18	18⌐93	111	30	33.30	66.60
⑦	18	88⌐40	217	30	65.10	130.20
⑧	18	140 88	299	30	89.70	179.40
⑨	20	495	495	114	564.30	1393.82
⑩	16	70	70	84	58.80	92.90
⑪	16	60	60	63	37.80	59.72
⑫	16	18⌐35	53	21	11.13	17.59
⑬	16	18 18	36	21	7.56	11.94
⑭	16	90⌐146⌐146	382	21	80.22	126.75
⑮	16	130	130	42	54.60	86.27
⑯	16	40 90 40	170	21	35.70	56.41
总计						3429.73

消力池钢筋表

编号	直径	钢筋型式/cm	单根长/cm	根数	总长/m	总重量/kg
①	16	1240	1240	134	1661.60	2625.32
②	20	1240	1240	38	471.20	1163.86
③	20	750	750	153	1147.50	2834.33
④	20	88 100 30 30 70	416	38	158.08	390.46
⑤	20	25 124	306	38	116.28	287.21
⑥	20	18 40 35	179	38	68.02	168.01
⑦	20	467 75	542	126	682.82	1686.81
⑧	16	540 30	570	126	718.20	1134.76
总计						10290.76

工作桥胸墙盖板钢筋表

编号	直径	钢筋型式/cm	单根长/cm	根数	总长/m	总重量/kg
①	16	5 264 5	274	36	98.64	155.85
②	16	5 704 5	714	15	107.10	169.22
③	16	20 669 20	709	13	92.17	145.63
④	18	347	347	24	83.28	166.56
⑤	12	76.6	76.6	90	68.94	61.25
⑥	16	20 229 20	269	34	91.46	144.51
⑦	16	122	122	2	2.44	3.86
⑧	16	102	102	2	2.04	3.22
⑨	12	734	734	28	205.52	182.50
⑩	16	244	244	38	92.72	146.50
⑪	16	246	246	38	93.48	147.70
⑫	16	153	153	28	42.84	67.69
⑬	16	183	183	28	51.24	80.96
⑭	12	244	244	32	78.08	69.34
合计						1544.79

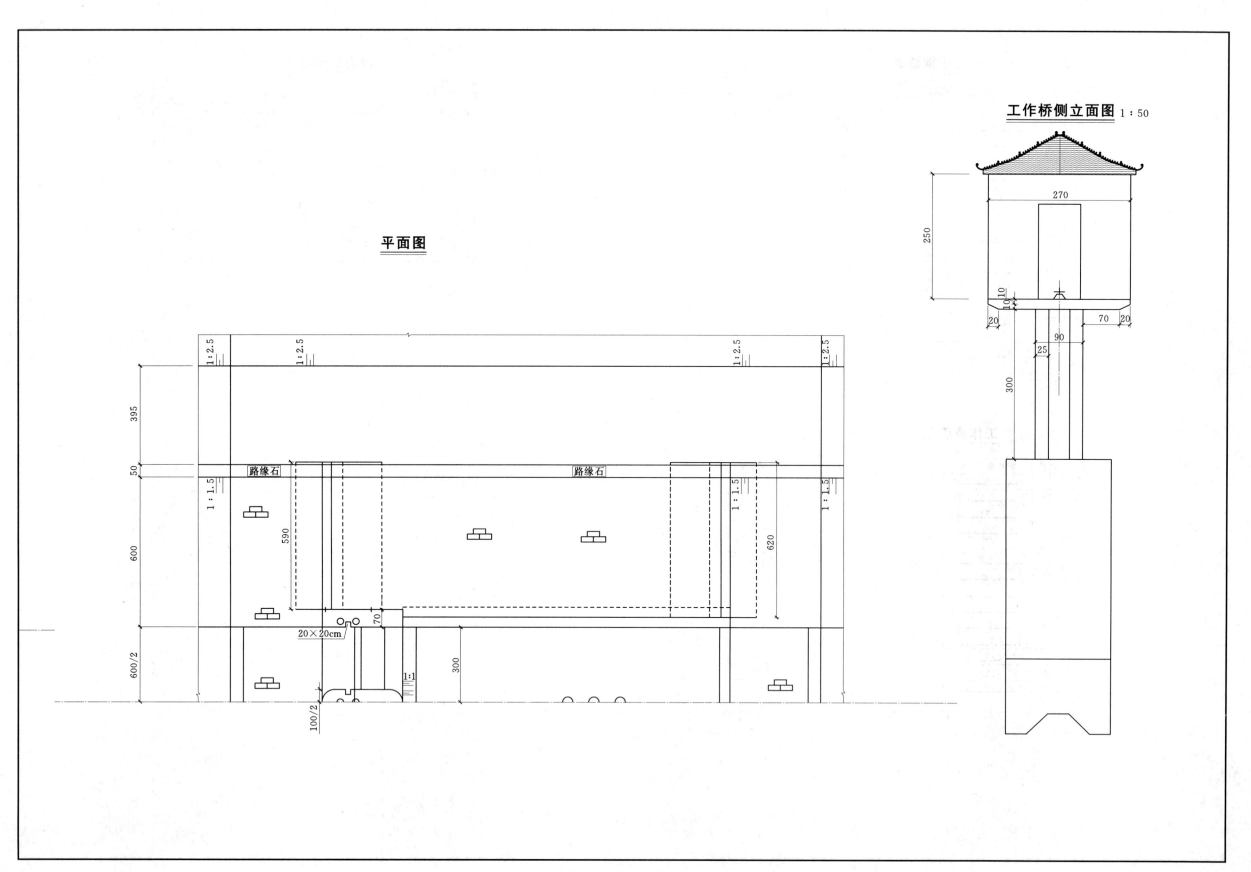

平面图

工作桥侧立面图 1：50

270

250

10

20   70   20

90

25

300

1：2.5   1：2.5   1：2.5   1：2.5

395

路缘石   路缘石

50

1：1.5   1：1.5   1：1.5

590   620

600

20×20cm   70

1：1   300

100/2

600/2

工作桥立面配筋图 1:50

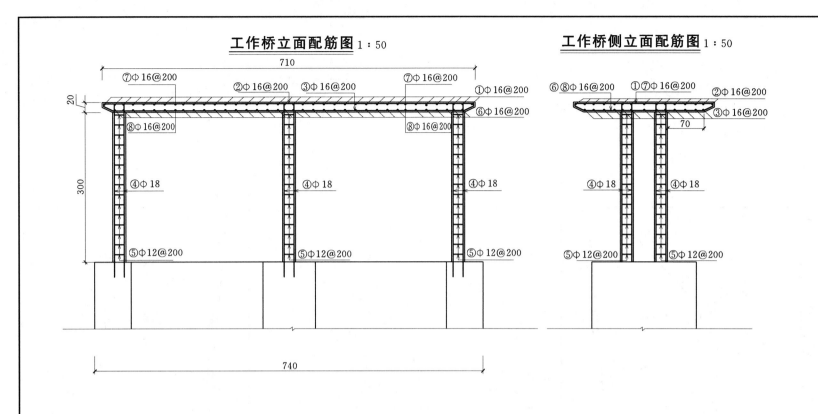

710

⑦Φ16@200　②Φ16@200　③Φ16@200　⑦Φ16@200
①16@200
20
⑥Φ16@200
⑧Φ16@200　⑧Φ16@200
300
④Φ18　④Φ18　④Φ18
⑤Φ12@200　⑤Φ12@200　⑤Φ12@200
740

工作桥侧立面配筋图 1:50

⑥⑧Φ16@200　①⑦Φ16@200　②Φ16@200
③Φ16@200
70
④Φ18　④Φ18
⑤Φ12@200　⑤Φ12@200

盖板平面配筋图 1:50

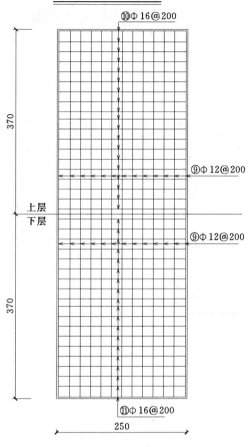

⑩Φ16@200
370
⑨Φ12@200
上层
下层
⑨Φ12@200
370
⑪Φ16@200
250

启闭台配筋图 1:50

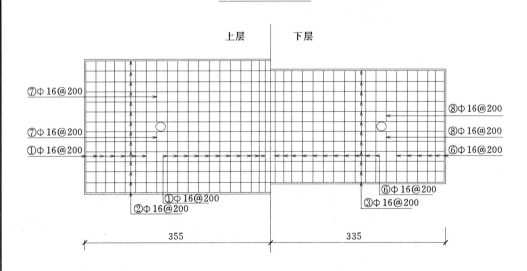

上层　下层

⑦Φ16@200
⑦Φ16@200
①Φ16@200
⑧Φ16@200
⑧Φ16@200
⑥Φ16@200
①Φ16@200
②Φ16@200
⑥Φ16@200
③Φ16@200
355　335

胸墙立面配筋图 1:50

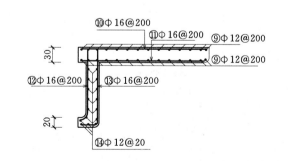

⑩Φ16@200
⑪Φ16@200　⑨Φ12@200
30
⑨Φ12@200
⑫Φ16@200　⑬Φ16@200
20
⑭Φ12@20

工作桥柱配筋图 1:20

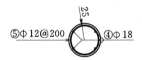

25
⑤Φ12@200　④Φ18

工作桥正立面图 1:50

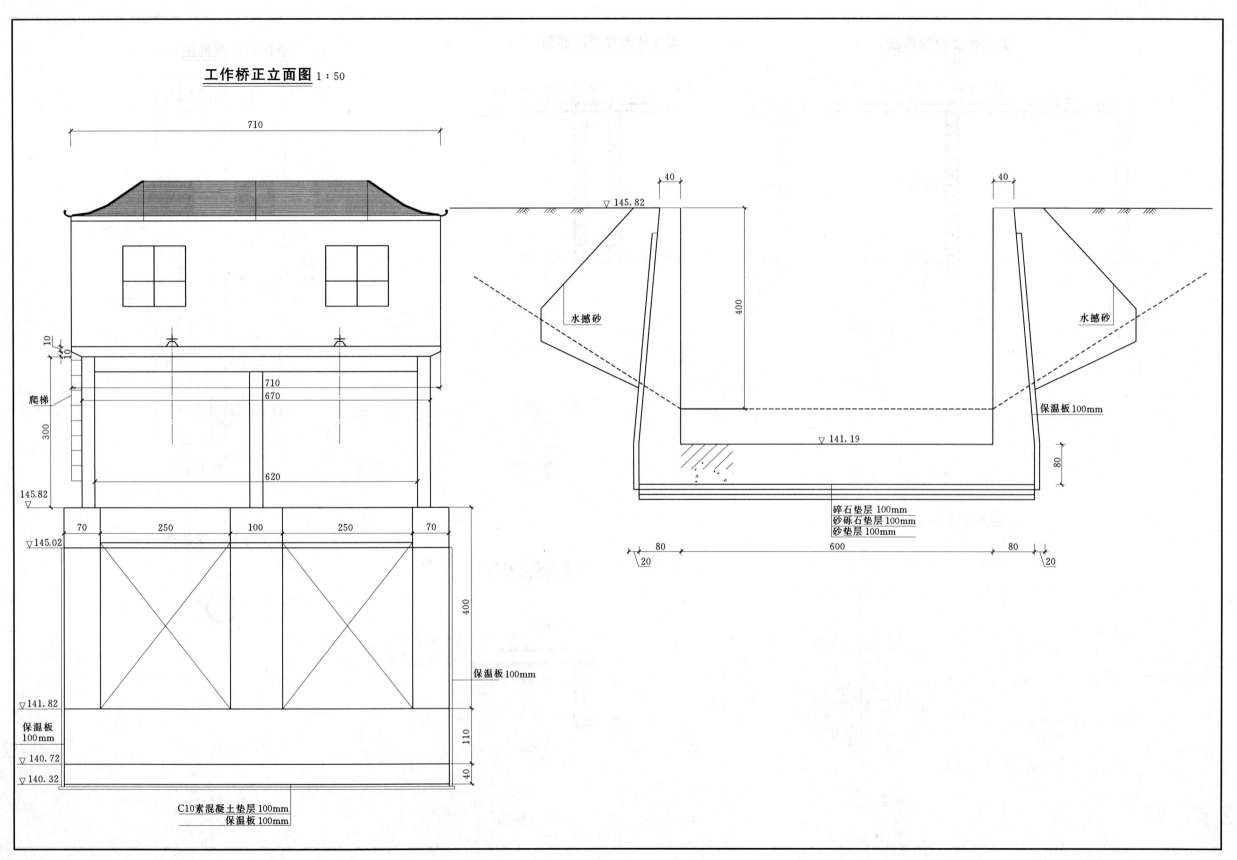

水撼砂

水撼砂

保温板 100mm

碎石垫层 100mm
砂砾石垫层 100mm
砂垫层 100mm

爬梯

保温板 100mm

保温板
100mm

C10素混凝土垫层 100mm
保温板 100mm

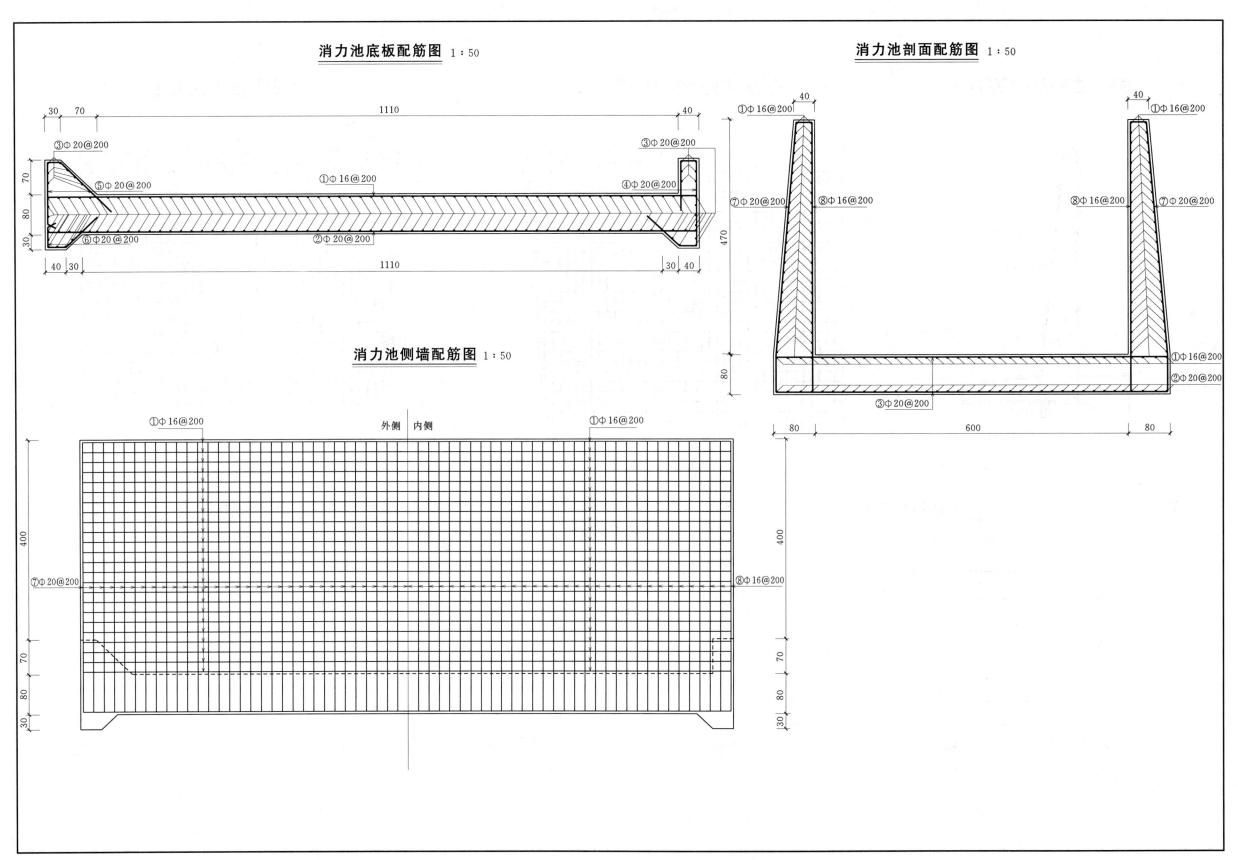

消力池底板配筋图 1:50

消力池剖面配筋图 1:50

消力池侧墙配筋图 1:50

出口挡土墙剖面配筋图 1:50

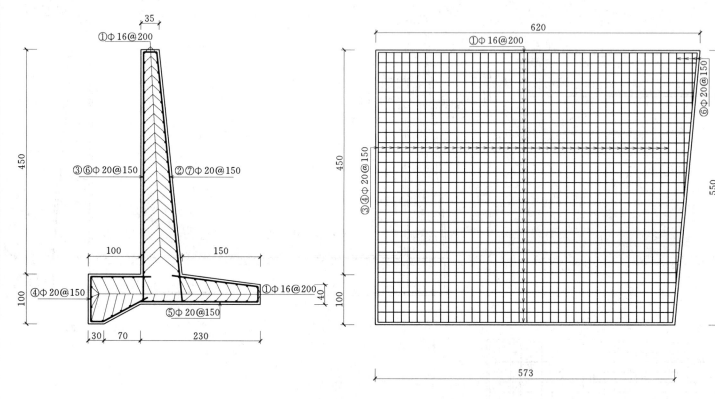

出口挡土墙迎水面配筋图 1:50

出口挡土墙背水面配筋图 1:50

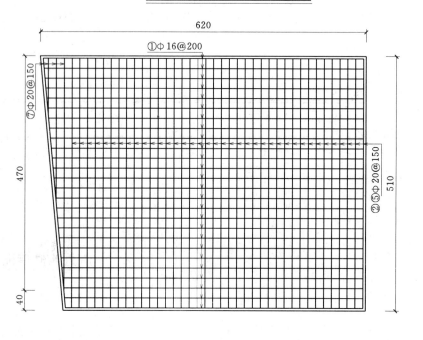

出口挡土墙钢筋表

编号	直径	钢筋型式/cm	单根长/cm	根数	总长/m	总重量/kg
①	16	564~610	平均587	81	475.47	751.24
②	20	502	502	38	190.76	471.18
③	20	25 500	525	38	199.50	492.77
④	20	115 90 25 95	325	38	123.50	305.05
⑤	20	166 226 30	422	38	160.36	396.09
⑥	20	25 平均348.5	373.5	4	14.94	36.90
⑦	20	平均350.5	350.5	4	14.02	34.63
小计		出口一个挡土墙的量				2488
总计		出口一个挡土墙的量				4976

进口挡土墙剖面配筋图 1：50

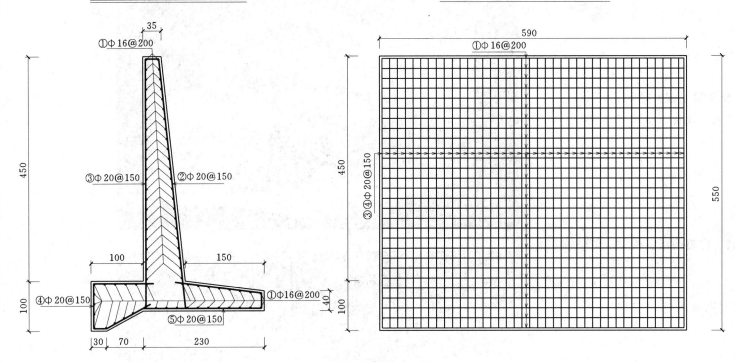

进口挡土墙迎水面配筋图 1：50

进口挡土墙背水面配筋图 1：50

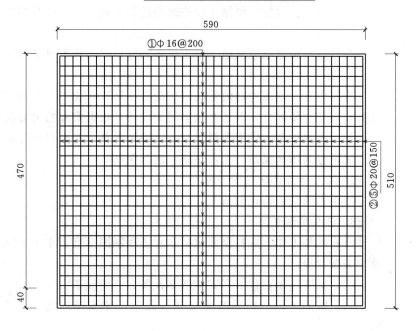

进口挡土墙钢筋表

编号	直径	钢筋型式/cm	单根长/cm	根数	总长/m	总重量/kg
①	16	580	580	81	469.80	742.28
②	20	502	502	40	200.80	495.98
③	20	25 500	525	40	210.00	518.70
④	20	115 90 25 95	325	40	130.00	321.10
⑤	20	166 226 30	422	40	168.80	416.94
小计		进口一个挡土墙的量				2495
总计		进口一个挡土墙的量				4990

任务三　泵　站

根据水工建筑物中泵站工程建筑物的相关知识，识读泵站工程图。

1. 泵站概念

泵站是指设置水泵机组、电气设备和管道、闸阀等设备的房屋，如图2-3所示。

2. 泵站作用与分类

能提供有一定压力和流量的液压动力和气压动力的装置和工程称泵和泵站工程。油箱、电机和泵是主要部件，但还有很多辅助设备，根据实际情况需要增减，如供油设备、压缩空气设备、充水设备、供水及排水设备、通风设备、起重设备等。

泵站分为污水泵站、雨水泵站、河水泵站

3. 深入全面识读（图形表达）

图中多处采用简化画法。

4. 识图实训条件

（1）准备工作。资料全面包括水利工程制图标准、水工建筑知识材料、完整图纸、模型及相关图片等。

（2）实训场地。包括多媒体教学设备、绘图设备。

（3）实训考核。指导教师按课程教学纪律要求，结合学生表现和实训成果评定实训成绩。

5. 工程实例

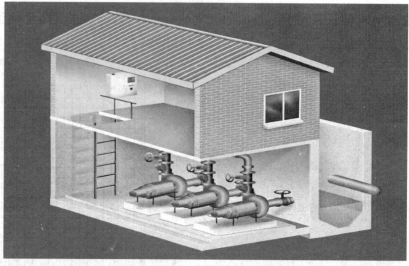

(a)

(b)

图2-3　泵站

某湖泵站纵剖面图

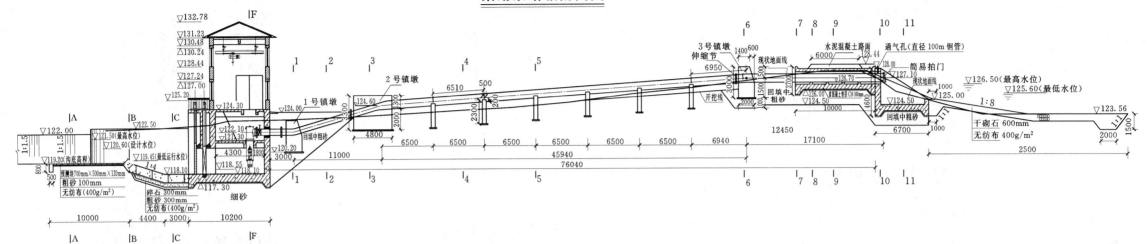

某湖泵站平面布置图

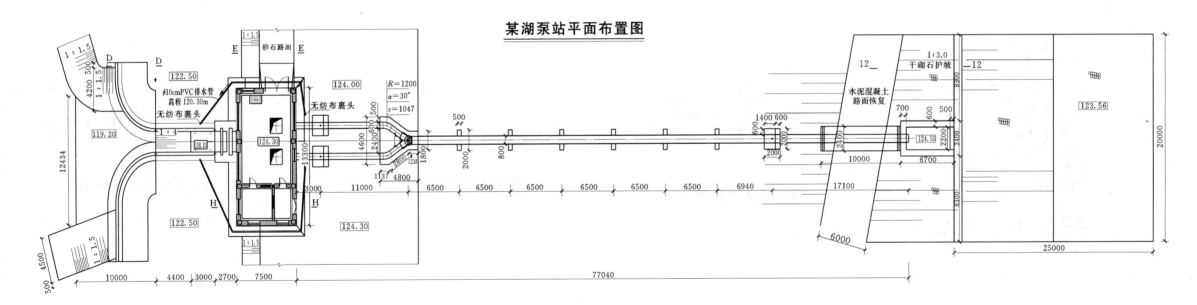

说明：
1. 图中尺寸以 mm 计，高程以 m 计。
2. 出水钢管喷锌防腐执行《水工金属结构防腐规范》(SL 105—2007)。
3. 二期混凝土标号为 C30。
4. 水工图与机、电、金属结构图结合使用。

批准		施工图设计
核定		建筑物部分
审查		
校核		
设计		
制图		比例 1：200	日期
设计证号		图号	

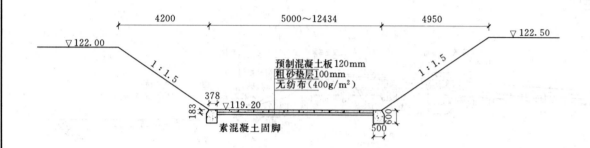

进口护底剖面图(A−A)

预制混凝土板 120mm
粗砂垫层 100mm
无纺布(400g/m²)

素混凝土固脚

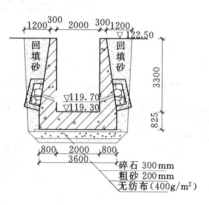

进口U形槽剖面图(B−B)

回填砂

碎石 300mm
粗砂 200mm
无纺布(400g/m²)

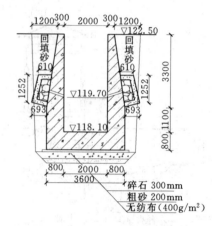

进口U形槽剖面图(C−C)

回填砂

碎石 300mm
粗砂 200mm
无纺布(400g/m²)

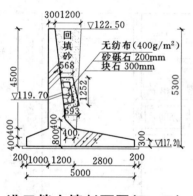

进口挡土墙剖面图(D−D)

回填砂

无纺布(400g/m²)
砂砾石 200mm
块石 300mm

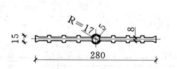

橡皮止水大样图 1:5

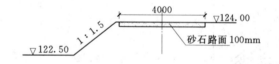

砂石路面剖面图(E−E)

砂石路面 100mm

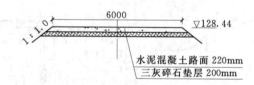

水泥混凝土路面结构图

水泥混凝土路面 220mm
三灰碎石垫层 200mm

说明：
1. 图中尺寸以 mm 计，高程以 m 计。
2. 素混凝土垫层混凝土 C10、厚 100mm。
3. 采用橡胶止水。
4. 素混凝土固脚每 5m 分缝。
5. 护底预制板混凝土标号为 C20，抗冻 F200。

批准			施工图设计
核定			建筑物部分
审查			
校核			
设计			
制图		比例 1:100	日期
设计证号		图号	

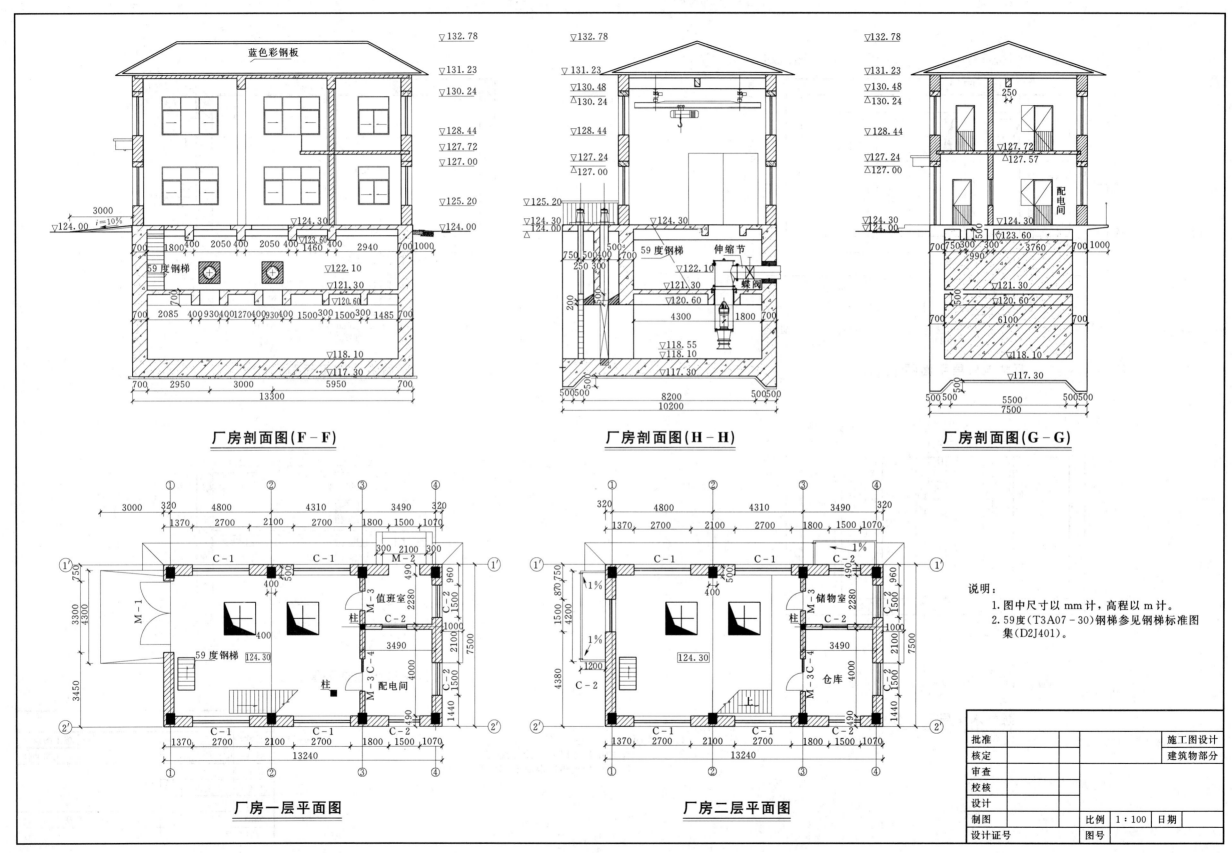

厂房剖面图（F-F）

厂房剖面图（H-H）

厂房剖面图（G-G）

厂房一层平面图

厂房二层平面图

说明：
1. 图中尺寸以 mm 计，高程以 m 计。
2. 59度(T3A07-30)钢梯参见钢梯标准图集(D2J401)。

批准			施工图设计
核定			建筑物部分
审查			
校核			
设计			
制图		比例 1:100	日期
设计证号		图号	

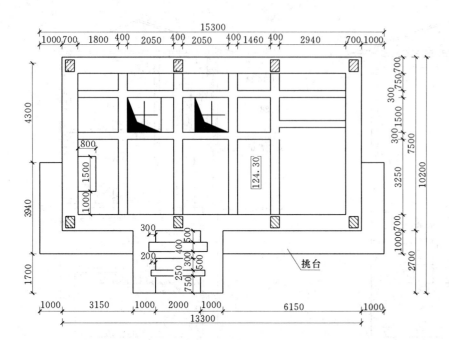

泵站电机层平面图 1:100

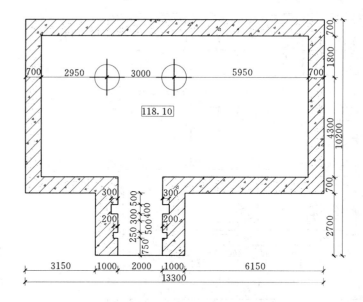

泵站进水池平面图 1:100

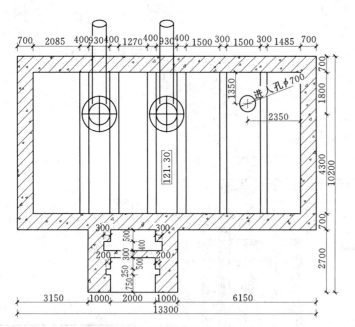

泵站水泵层平面图 1:100

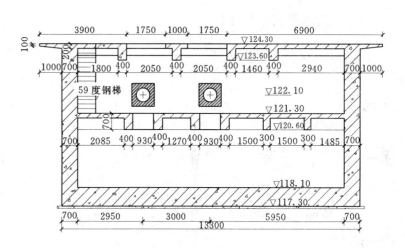

泵站进水池剖面图 1:100

说明：
1. 图中尺寸以 mm 计，高程以 m 计。
2. 素混凝土垫层混凝土C10、厚 100mm。

批准		施工图设计
核定		建筑物部分
审查		
校核		
设计		
制图	比例 1:100 日期	
设计证号	图号	

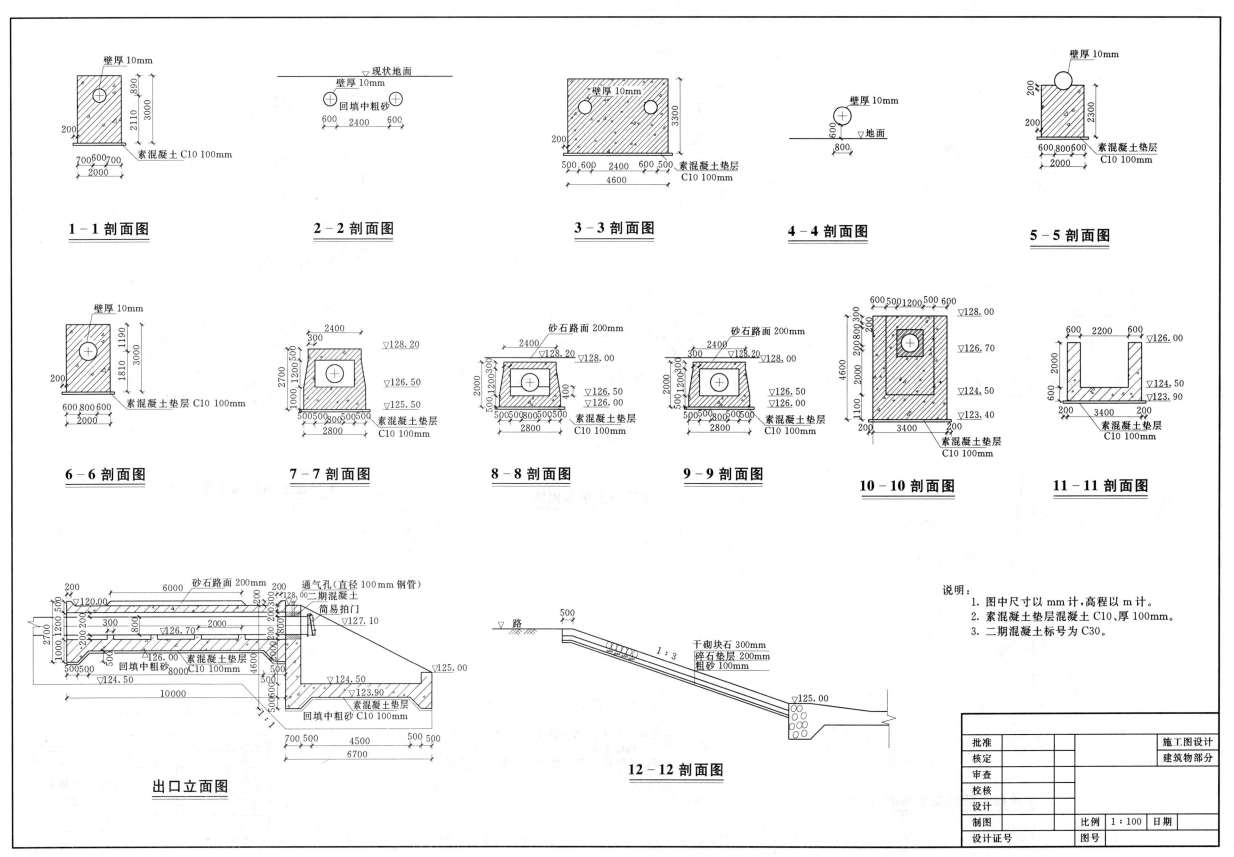

1－1 剖面图

2－2 剖面图

3－3 剖面图

4－4 剖面图

5－5 剖面图

6－6 剖面图

7－7 剖面图

8－8 剖面图

9－9 剖面图

10－10 剖面图

11－11 剖面图

出口立面图

12－12 剖面图

说明：
1. 图中尺寸以 mm 计，高程以 m 计。
2. 素混凝土垫层混凝土 C10、厚 100mm。
3. 二期混凝土标号为 C30。

批准			施工图设计
核定			建筑物部分
审查			
校核			
设计			
制图		比例 1:100	日期
设计证号		图号	

49

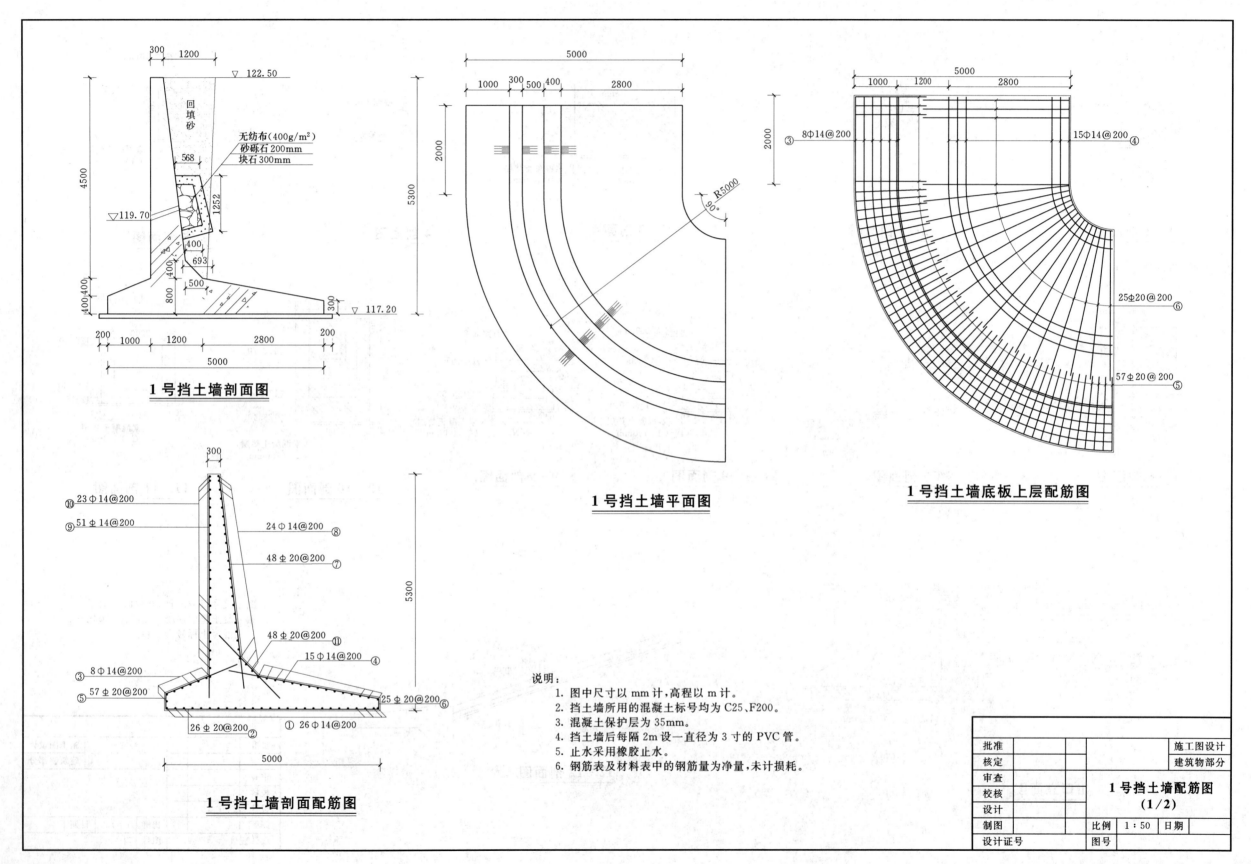

1号挡土墙剖面图

1号挡土墙平面图

1号挡土墙底板上层配筋图

1号挡土墙剖面配筋图

说明：
1. 图中尺寸以 mm 计，高程以 m 计。
2. 挡土墙所用的混凝土标号均为 C25、F200。
3. 混凝土保护层为 35mm。
4. 挡土墙后每隔 2m 设一直径为 3 寸的 PVC 管。
5. 止水采用橡胶止水。
6. 钢筋表及材料表中的钢筋量为净量，未计损耗。

批准			施工图设计
核定			建筑物部分
审查			**1号挡土墙配筋图**
校核			**(1/2)**
设计			
制图		比例 1：50	日期
设计证号		图号	

钢 筋 表

部位构件	编号	尺寸及形状	直径/mm	单根长度/mm	根数/个	总长/m	备注
底板	①	Δ=314 r=1035~5965	Φ14	3731~11475	26	199.06	α=88°
	②	4930	⊉20	4930	26	93.67	
	③	Δ=314 r=4965~5965	Φ14	9908~11475	8	88.06	α=88°
	④	Δ=314 r=1035~3800	Φ14	3731~8074	15	88.94	α=88°
	⑤	341 1777	⊉20	2118	57	120.73	弯折112°
	⑥	3531 236	⊉20	3767	25	94.18	弯折103°
	⑫	3165	⊉20	3165	30	94.95	
立墙	⑦	4804	⊉20	4804	48	230.59	
	⑧	r=4735	Φ14	9488	24	227.71	α=88°
	⑨	4979	⊉14	4979	51	253.93	
	⑩	r=4965	Φ14	9959	23	229.06	α=88°
	⑪	1992	⊉20	1992	48	95.62	

材 料 表

部位构件	数量	规格	总长度/m	单位重/(kg·m⁻¹)	总重/kg	备注
挡土墙	1	Φ14	832.83	1.21	1007.72	C25 混凝土: 56.76m²
		⊉14	253.93	1.21	307.26	
		⊉20	729.74	2.47	1802.46	
钢筋总计					3117.44	

⑦ 48 ⊉20@200
⑧ 24 Φ14@200
⑪ 48 ⊉20@200

1 号挡土墙背面配筋图

⑨ 51 ⊉14@200
⑩ 23 Φ14@200

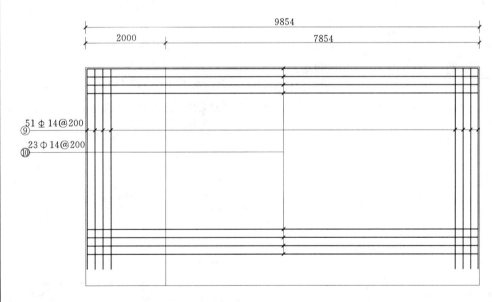

1 号挡土墙正面配筋图

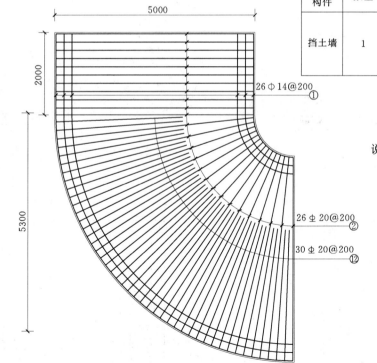

26 Φ14@200 ①
26 ⊉20@200 ②
30 ⊉20@200 ⑫

1 号挡土墙底板下层配筋图

说明:
1. 图中尺寸以 mm 计,高程以 m 计。
2. 挡土墙所用的混凝土标号均为 C25、F200。
3. 混凝土保护层为 35mm。
4. 挡土墙后每隔 2m 设一直径为 3 寸的 PVC 管。
5. 止水采用橡胶止水。
6. 钢筋表及材料表中的钢筋量为净量,未计损耗。

批准		施工图设计
核定		建筑物部分
审查		
校核		1 号挡土墙配筋图
设计		(2/2)
制图		
设计证号		比例 1:50　日期 图号

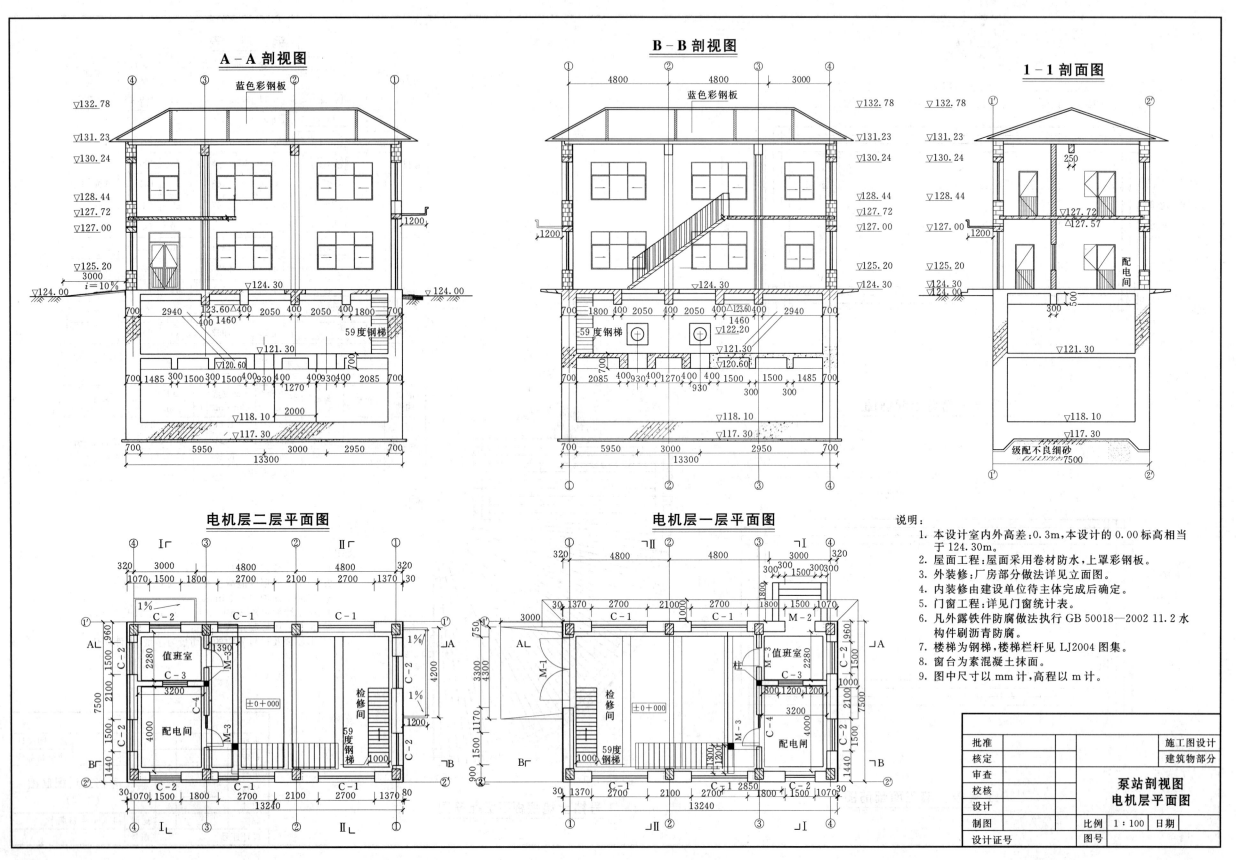

A－A 剖视图

蓝色彩钢板

B－B 剖视图

蓝色彩钢板

1－1 剖面图

59度钢梯

配电间

级配不良细砂

电机层二层平面图

值班室
配电间
检修间
59度钢梯
±0+000

电机层一层平面图

检修间
59度钢梯
配电间
值班室
柱
±0+000

说明：
1. 本设计室内外高差：0.3m,本设计的0.00标高相当于124.30m。
2. 屋面工程：屋面采用卷材防水,上罩彩钢板。
3. 外装修：厂房部分做法详见立面图。
4. 内装修由建设单位待主体完成后确定。
5. 门窗工程：详见门窗统计表。
6. 凡外露铁件防腐做法执行 GB 50018—2002 11.2 水构件刷沥青防腐。
7. 楼梯为钢梯,楼梯栏杆见 LJ2004 图集。
8. 窗台为素混凝土抹面。
9. 图中尺寸以 mm 计,高程以 m 计。

批准			施工图设计
核定			建筑物部分
审查			
校核			**泵站剖视图**
设计			**电机层平面图**
制图		比例 1:100 日期	
设计证号		图号	

52

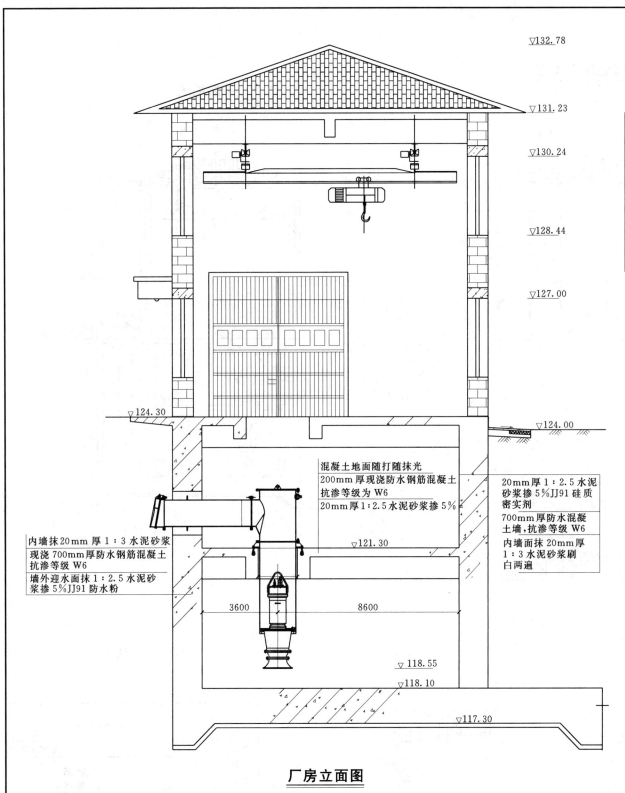

厂房立面图

门窗一览表

门窗	洞口尺寸/mm		樘数	采用全国通用图集					
编号	宽	高		图集号	品种代号门窗顺序号	所用材料规格系列	基本门窗型	所在页次	备注
M-1	3300	3600	1	J643	M22-3336	钢木	平开钢木大门	5.19.25.27	防风砂
M-2	1500	2700	1			木质	平对开木门		现场制作
M-3	900	1700	4			木质			现场制作
C-1	2700	1800	8	07J604	2718TC9	塑钢50	组合窗	29	
C-2	1500	1800	9	07J604	2718TC9	塑钢50	组合窗	20	
C-3	1200	1800	2	92SJ7040(一)	PSC-86	塑钢50	组合窗	21	
C-4	900	1200	1						

说明:

1. 本图±0.00相当于绝对高程 EL124.30m。水泵层顶板为 EL121.30m,图中尺寸以水利水电工程制图标准标注。

2. 水泵层侧墙及底板地下防水执行《地下工程防水技术规范》(GB 50108—2001),防水等级为二级,混凝土设计抗渗等级为 W6,并在迎水面做防水处理(如图所示)。

3. 站房屋顶采用彩钢板,具体形式施工时可依据甲方要求更换颜色,细部图由彩钢板厂家提供。

4. 图中尺寸以 mm 计,高程以 m 计。

混凝土地面随打随抹光
200mm厚现浇防水钢筋混凝土
抗渗等级为 W6
20mm厚1:2.5水泥砂浆掺5%

20mm厚1:2.5水泥砂浆掺5%JJ91硅质密实剂
700mm厚防水混凝土墙,抗渗等级 W6
内墙面抹20mm厚1:3水泥砂浆刷白两遍

内墙抹20mm厚1:3水泥砂浆
现浇700mm厚防水钢筋混凝土抗渗等级 W6
墙外迎水面抹1:2.5水泥砂浆掺5%JJ91防水粉

批准			施工图设计
核定			建筑物部分
审查			**泵站**
校核			**厂房剖面图**
设计			
制图		比例 1:100	日期
设计证号		图号	

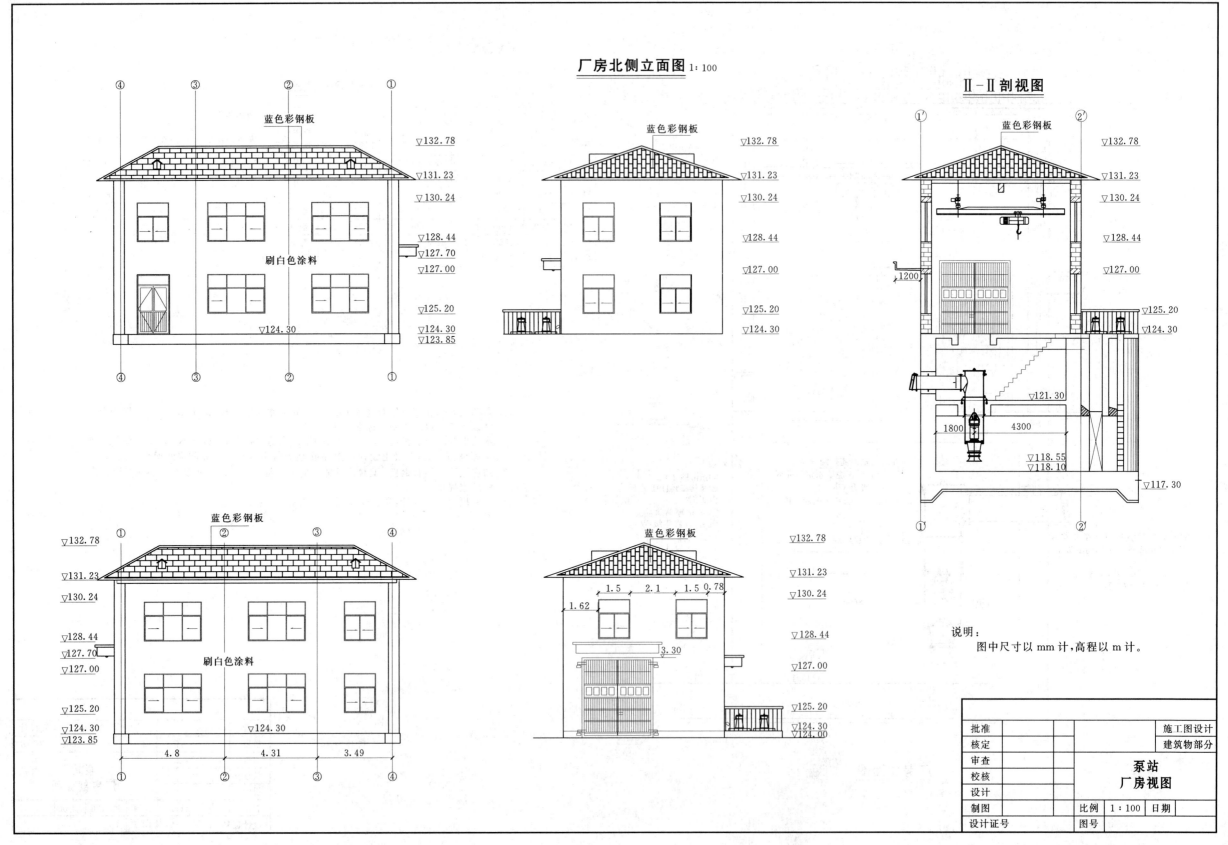

厂房北侧立面图 1:100

蓝色彩钢板

刷白色涂料

Ⅱ-Ⅱ剖视图

蓝色彩钢板

说明:
图中尺寸以 mm 计,高程以 m 计。

批准			施工图设计
核定			建筑物部分
审查			
校核			**泵站**
设计			**厂房视图**
制图		比例 1:100	日期
设计证号		图号	

进水侧墙体大样图 1:50

彩钢板保温屋面
做法参见厂家图

▽131.23
▽130.48
▽130.24

内墙做法参见说明　外墙做法参见说明

▽128.44

▽127.24
▽127.00

▽125.20

混凝土散水
▽124.30
▽124.00

500

出水池侧墙体大样图 1:50

彩钢板保温屋面
做法参见厂家图

▽131.23
▽130.48
▽130.24

内墙做法参见说明　外墙做法参见说明

▽128.44

▽127.24
▽127.00

混凝土散水
▽124.30
▽124.00

500

进厂侧墙体大样图 1:50

彩钢板保温屋面
做法参见厂家图

▽131.23
▽130.48
▽130.24

内墙做法参见说明　外墙做法参见说明

▽128.44

▽127.60

水泥坡道
▽124.30
▽124.00

500

变压器室侧墙体大样图 1:50

彩钢板保温屋面
做法参见厂家图

▽131.23
▽130.48
▽130.24

内墙做法参见说明　外墙做法参见说明

▽128.44

▽127.24
▽127.00

▽125.20

混凝土散水
▽124.30
▽124.00

500

水泥坡道大样图 1:20

抹 60mm 宽 6 厚锯齿形
素水泥浆一道(内掺建筑胶)
60mm 厚 C15 混凝土
150mm 厚 3:7 灰土分两步夯实

▽116.30

▽123.85

3000

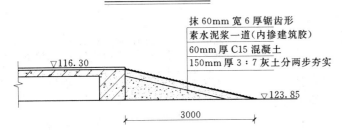

混凝土散水大样图 1:20

具体做法见 03J930-1 第 21 页
沥青胶泥嵌缝
10
▽124.30
▽123.85

1000　500

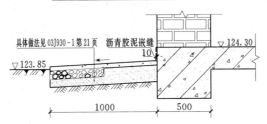

混凝土台阶大样图 1:20

具体做法见 03J930-1 第 15 页
▽124.30
▽124.00
▽123.85

500　1500　300

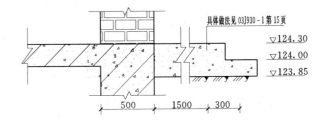

说明:
1. 图中尺寸高程以 m 计,其他尺寸为 mm。
2. 排水坡度由彩钢板屋面高度确定,可根据建设单位要求确定。
3. 外墙面具体做法参见国家标准图集 03J930-1 第 90 页。
　　内墙面具体做法参见国家标准图集 03J930-1 第 70 页。
　　混凝土散水具体做法参见国家标准图集 03J930-1 第 21 页。

水泥坡道参见国家标准图集 03J930-1 第 25 页。
水泥台阶具体做法请参见国家标准图集 03J930-1 第 15 页。
4. 屋面彩钢板屋架与彩钢板厂家协商确定。
5. 吊棚型式与建设单位协商确定。
6. 严格按施工规范施工。

批准		施工图设计
核定		建筑物部分
审查		
校核		**墙体大样图**
设计		
制图		比例 1:100　日期
设计证号		图号

55

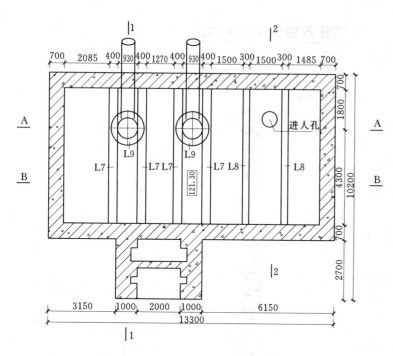

某湖泵站水泵层楼板结构图 1:100

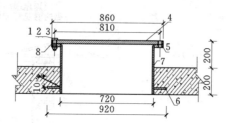

进人孔 1:20

860
810
720
920

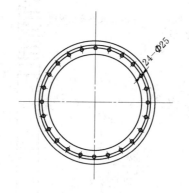

24-Φ25

止水环 1:20

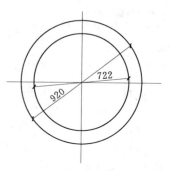

920 722

进人孔材料表

8	橡胶垫圈	DN700	Q235A	个	1		
7	钢管	DN700	Q235A	m	0.38	239.9	91.162
6	止水环	厚度10mm	Q235A	个	1	29	29
5	法兰	DN700		个	1	30	30
4	法兰盘盖	DN700	Q235A	个	1	109	109
3	垫圈	M22		个	24	0.017	0.408
2	螺母	M22	Q235A	个	24	0.08	1.92
1	螺栓	M22 110	Q235A	个	24	0.406	9.74
序号	名称	规格	材料	单位	数量	单重 重量/kg	复重

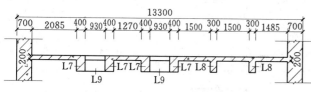

A－A 剖面图 1:100

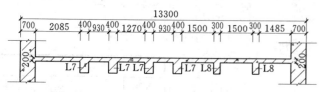

B－B 剖面图 1:100

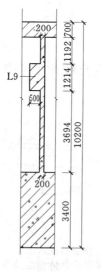

1－1 剖面图 1:100

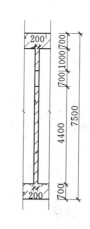

2－2 剖面图 1:100

说明:
1. 图中尺寸以 mm 计, 高程以 m 计。
2. 混凝土标号 C25, 抗冻标号 F200, 板梁混凝土保护层为 25mm, 35mm。
3. 钢筋表及材料表中的钢筋量为净量, 未计损耗。
4. 严格按施工规范施工。

批准			施工图设计
核定			建筑物部分
审查			
校核			**水泵层楼板结构图**
设计			
制图		比例	日期
设计证号		图号	

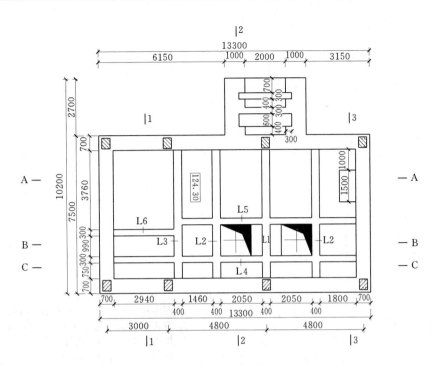

某湖泵站电机层楼板结构图 1:100

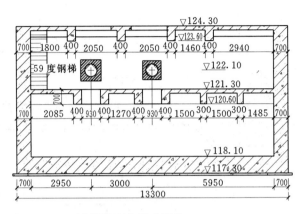

某湖泵站纵剖图 1:100

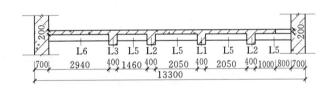

A－A 剖面图 1:100

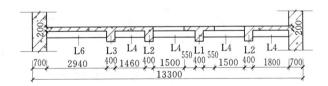

B－B 剖面图 1:100

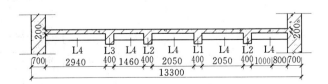

C－C 剖面图 1:100

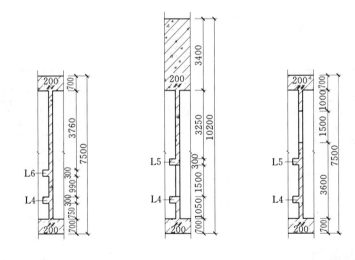

1－1 剖面图 1:100　　**2－2 剖面图** 1:100　　**3－3 剖面图** 1:100

说明:
1. 图中尺寸以 mm 计,高程以 m 计。
2. 混凝土标号 C25,抗冻标号 F200,板、梁混凝土保护层为 25mm、35mm。
3. 钢筋表及材料表中的钢筋量为净量,未计损耗。
4. 严格按施工规范施工。
5. 水泵层板梁混凝土抗渗等级为 W6。

批准			施工图设计
核定			建筑物部分
审查			
校核			**电机层楼板结构图**
设计			
制图		比例	日期
设计证号		图号	

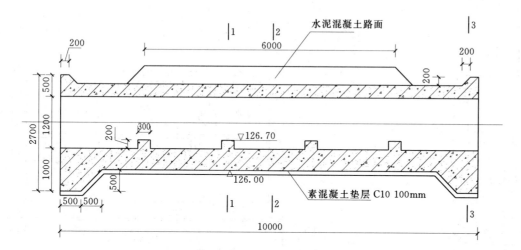

廊道立面图

说明：
1. 图中尺寸以 mm 计，高程以 m 计。
2. 廊道所用的混凝土标号为 C25，素混凝土垫层标号 C10。
3. 廊道总长为 10m，共有 1 节。
4. 混凝土保护层为 35mm。
5. 钢筋表及材料表中的钢筋量为净量，未计损耗。

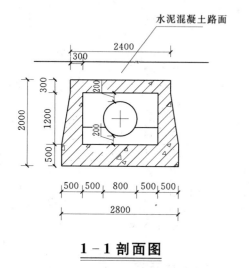

1－1 剖面图

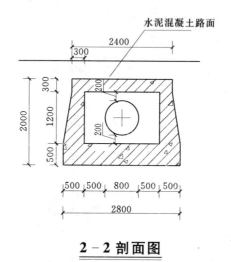

2－2 剖面图

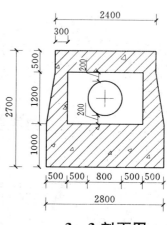

3－3 剖面图

批准		施工图设计
核定		建筑物部分
审查		**廊道结构布置图**
校核		
设计		
制图		比例 1：50 日期
设计证号		图号

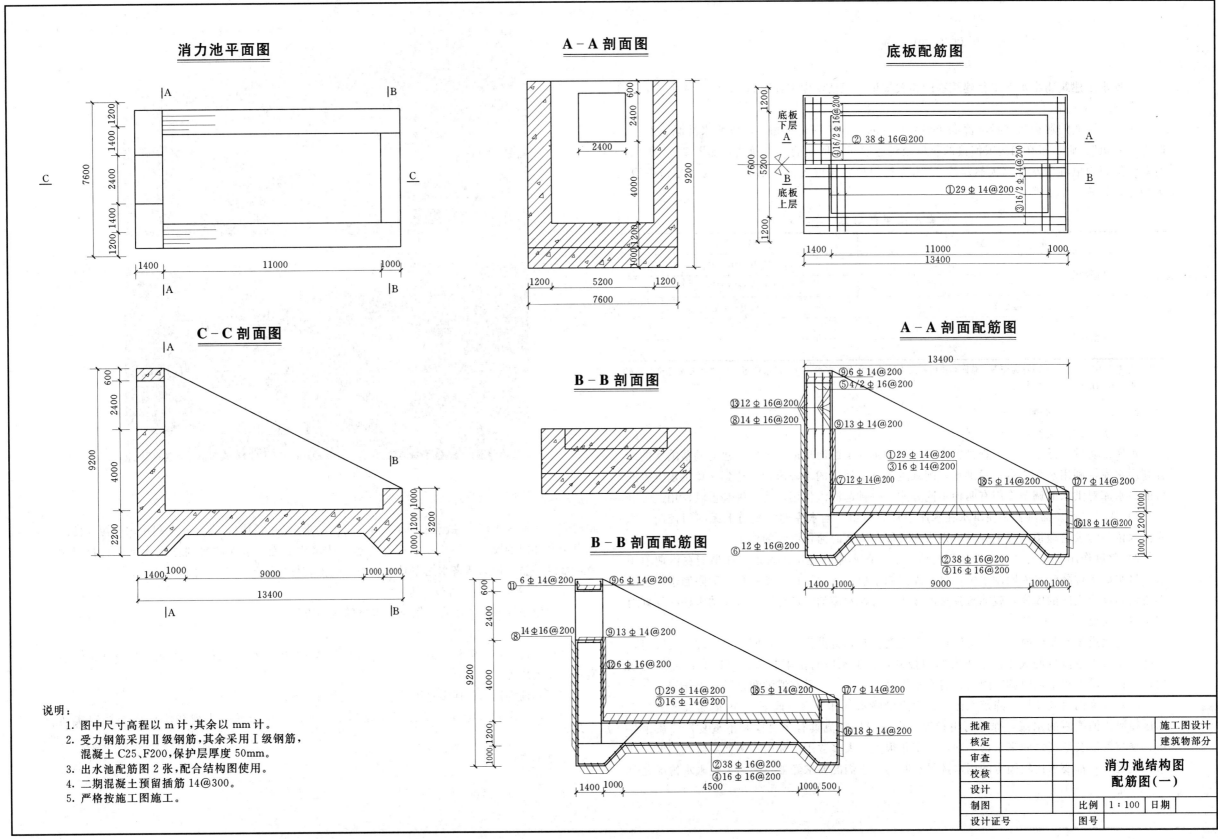

消力池平面图

A-A 剖面图

底板配筋图

C-C 剖面图

B-B 剖面图

A-A 剖面配筋图

B-B 剖面配筋图

说明:
1. 图中尺寸高程以 m 计,其余以 mm 计。
2. 受力钢筋采用Ⅱ级钢筋,其余采用Ⅰ级钢筋,
   混凝土 C25、F200,保护层厚度 50mm。
3. 出水池配筋图 2 张,配合结构图使用。
4. 二期混凝土预留插筋 14@300。
5. 严格按施工图施工。

批准			施工图设计
核定			建筑物部分
审查			**消力池结构图**
校核			**配筋图(一)**
设计			
制图		比例 1:100	日期
设计证号		图号	

任务四　水　库

根据水工建筑物中水库工程建筑物的相关知识，识读水库工程图。

1. 水库的概念

水库，一般的解释为"拦洪蓄水和调节水流的水利工程建筑物。可以用来灌溉、发电、防洪和养鱼"。它是指在山沟或河流的狭口处建造拦河坝形成的人工湖泊，如图2-4所示。有时天然湖泊也称为水库（天然水库）。水库规模通常按库容大小划分，分为小型、中型、大型等，见表2-1。

(a)

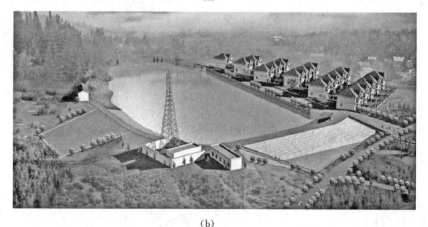

(b)

图2-4　水库

表2-1　　　　　　　　　　　　　　水库规模类型划分

水库类型		总库容/m³
小型水库	小（2）型	10万～100万
	小（1）型	100万～1000万
中型水库		1000万～1亿
大型水库	大（2）型	1亿～10亿
	大（1）型	>10亿

注　总库容小于10万m³时称为塘坝。总库容指校核洪水位以下的水库容积。校核洪水位指水库遇到大坝的校准洪水时，在坝前达到的最高水位。

2. 水库作用与分类

（1）水库的防洪作用。

水库是防洪广泛采用的工程措施之一。在防洪区上游河道适当位置兴建能调蓄洪水的综合利用水库，利用水库库容拦蓄洪水，削减进入下游河道的洪峰流量，达到减免洪水灾害的目的。水库对洪水的调节作用有两种不同方式：一种起滞洪作用，另一种起蓄洪作用。

1）滞洪作用。滞洪就是使洪水在水库中暂时停留。当水库的溢洪道上无闸门控制，水库蓄水位与溢洪道堰顶高程平齐时，则水库只能起到暂时滞留洪水的作用。

2）蓄洪作用。在溢洪道未设闸门的情况下，在水库管理运用阶段，如果能在汛期前用水，将水库水位降到水库限制水位，且水库限制水位低于溢洪道堰顶高程，则限制水位至溢洪道堰顶高程之间的库容，就能起到蓄洪作用。蓄在水库的一部分洪水可在枯水期有计划地用于兴利需要。

当溢洪道设有闸门时，水库就能在更大程度上起到蓄洪作用，水库可以通过改变闸门开启度来调节下泄流量的大小。由于有闸门控制，这类水库防洪限制水位可以高出溢洪道堰顶，并在泄洪过程中随时调节闸门开启度来控制下泄流量，具有滞洪和蓄洪双重作用。

（2）水库的兴利作用。降落在流域地面上的降水（部分渗至地下），由地面及地下按不同途径泄入河槽后的水流，称为河川径流。由于河川径流具有多变性和不重复性，在年与年、季与季以及地区之间来水都不同，且变化很大。大多数用水部门（例如灌溉、发电、供水、航运等）都要求比较固定的用水数量和时间，它们的要求经常不能与天然来水情况完全

相适应。人们为了解决径流在时间上和空间上的重新分配问题，充分开发利用水资源，使之适应用水部门的要求，往往在江河上修建一些水库工程。水库的兴利作用就是进行径流调节，蓄洪补枯，使天然来水能在时间上和空间上较好地满足用水部门的要求。

3. 深入全面识读（图形表达）

图中较多地采用了示意、简化、省略的表达方法。

4. 识图实训条件

（1）准备工作。资料全面，包括水利工程制图标准、水工建筑知识材料、完整图纸、模型及相关图片等。

（2）实训场地。包括多媒体教学设备、绘图设备。

（3）实训考核。指导教师按课程教学纪律要求，结合学生表现和实训成果评定实训成绩。

5. 工程实例

输水洞纵剖面图

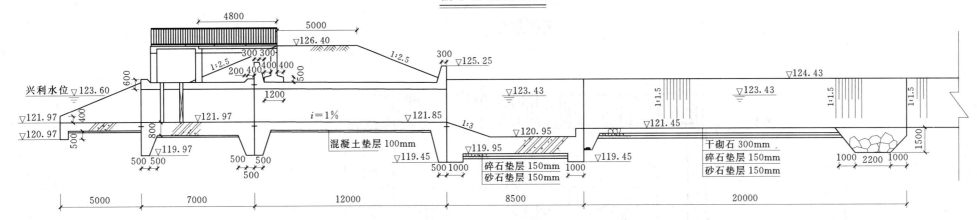

兴利水位 ▽123.60

混凝土垫层 100mm

碎石垫层 150mm
砂石垫层 150mm

干砌石 300mm
碎石垫层 150mm
砂石垫层 150mm

i=1%

输水洞平面图

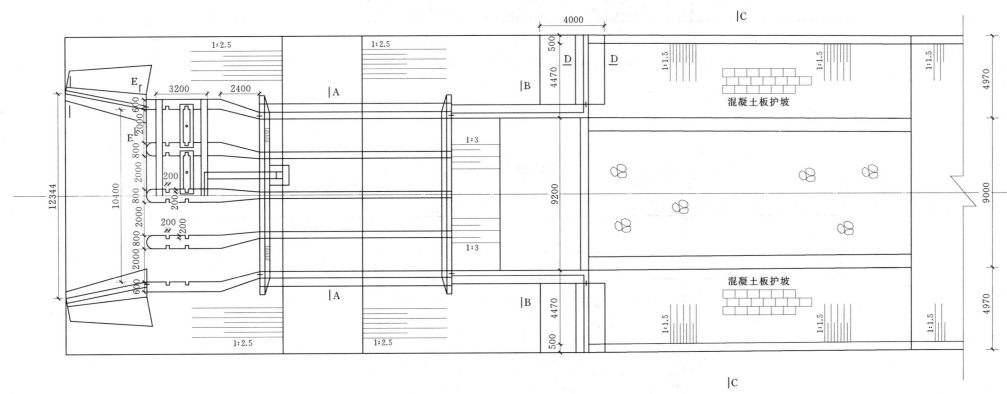

混凝土板护坡

混凝土板护坡

说明:
1. 本图尺寸以 mm 计,比例尺 1:200。
2. 洞身断面尺寸 2.0m×2.0m。
3. 闸门采用国家定点产品,启闭机 5t。
4. 钢筋混凝土标号 C25,抗冻标号 F150。

批准	消险加固工程	初步设计
核定		输水洞部分
审查		
校核	**输水洞结构总体布置图**	
设计		
制图	比例 1:200	日期
设计证号	图号	

上游视图

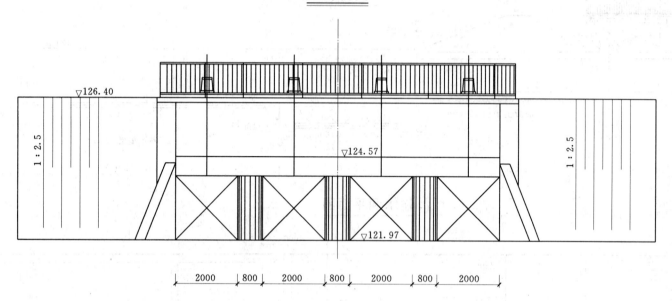

▽126.40

1:2.5

▽124.57

1:2.5

▽121.97

2000 | 800 | 2000 | 800 | 2000 | 800 | 2000

下游视图

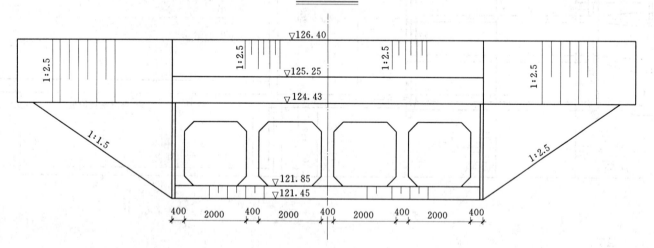

1:2.5

1:2.5

▽126.40

1:2.5

1:2.5

▽125.25

▽124.43

1:1.5

1:2.5

▽121.85

▽121.45

400 | 2000 | 400 | 2000 | 400 | 2000 | 400 | 2000 | 400

说明：
图中尺寸除高程以 m 计外，其余以 mm 计。

批准		消险加固工程	初步设计
核定			输水洞部分
审查			
校核		**输水洞上、下游视图**	
设计			
制图		比例 1：100	日期
设计证号		图号	

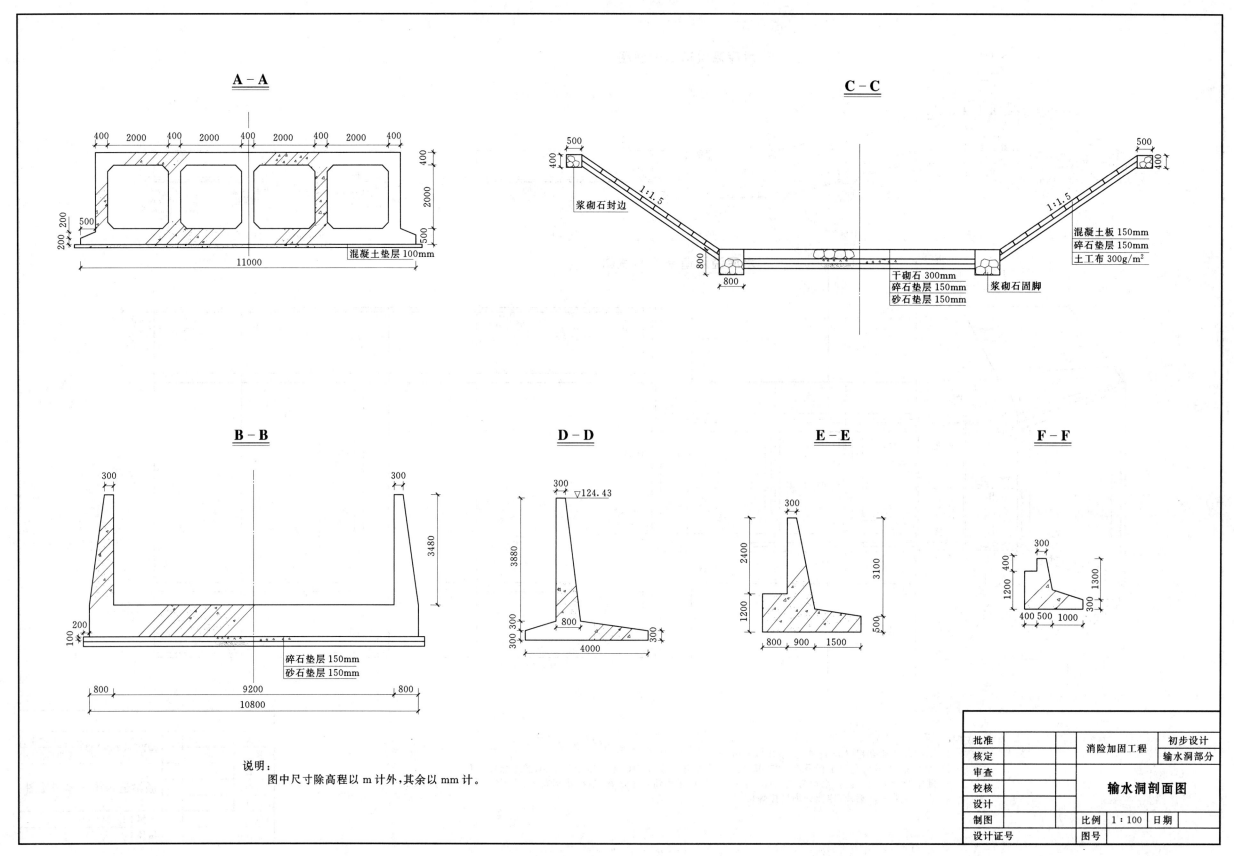

A－A

400 2000 400 2000 400 2000 400 2000 400

400

2000

500

200 200

11000

混凝土垫层 100mm

C－C

500

400

浆砌石封边

1:1.5

800

800

1:1.5

500

400

混凝土板 150mm
碎石垫层 150mm
土工布 300g/m²

干砌石 300mm
碎石垫层 150mm
砂石垫层 150mm

浆砌石固脚

B－B

300

300

3480

100 200

碎石垫层 150mm
砂石垫层 150mm

800

9200

800

10800

D－D

300

▽124.43

3880

300 300

800

300

4000

E－E

300

2400

1200

3100

500

800 900 1500

F－F

300

1200 400

300

1300

400 500 1000

说明：
图中尺寸除高程以 m 计外，其余以 mm 计。

批准		消险加固工程	初步设计
核定			输水洞部分
审查			
校核		**输水洞剖面图**	
设计			
制图		比例 1:100	日期
设计证号		图号	

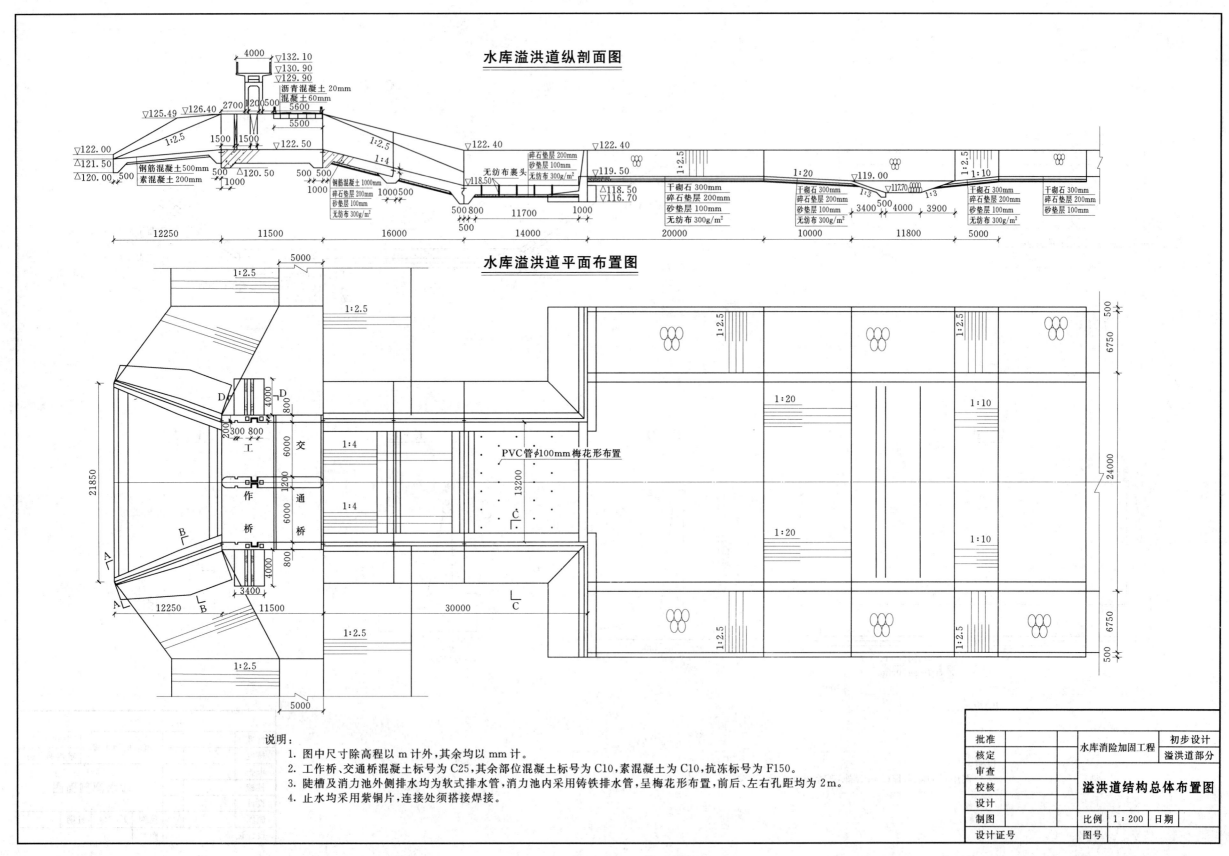

水库溢洪道纵剖面图

水库溢洪道平面布置图

说明:
1. 图中尺寸除高程以 m 计外,其余均以 mm 计。
2. 工作桥、交通桥混凝土标号为 C25,其余部位混凝土标号为 C10,素混凝土为 C10,抗冻标号为 F150。
3. 陡槽及消力池外侧排水均为软式排水管,消力池内采用铸铁排水管,呈梅花形布置,前后、左右孔距均为 2m。
4. 止水均采用紫铜片,连接处须搭接焊接。

批准		水库消险加固工程	初步设计
核定			溢洪道部分
审查			
校核		溢洪道结构总体布置图	
设计			
制图		比例 1:200	日期
设计证号		图号	

64

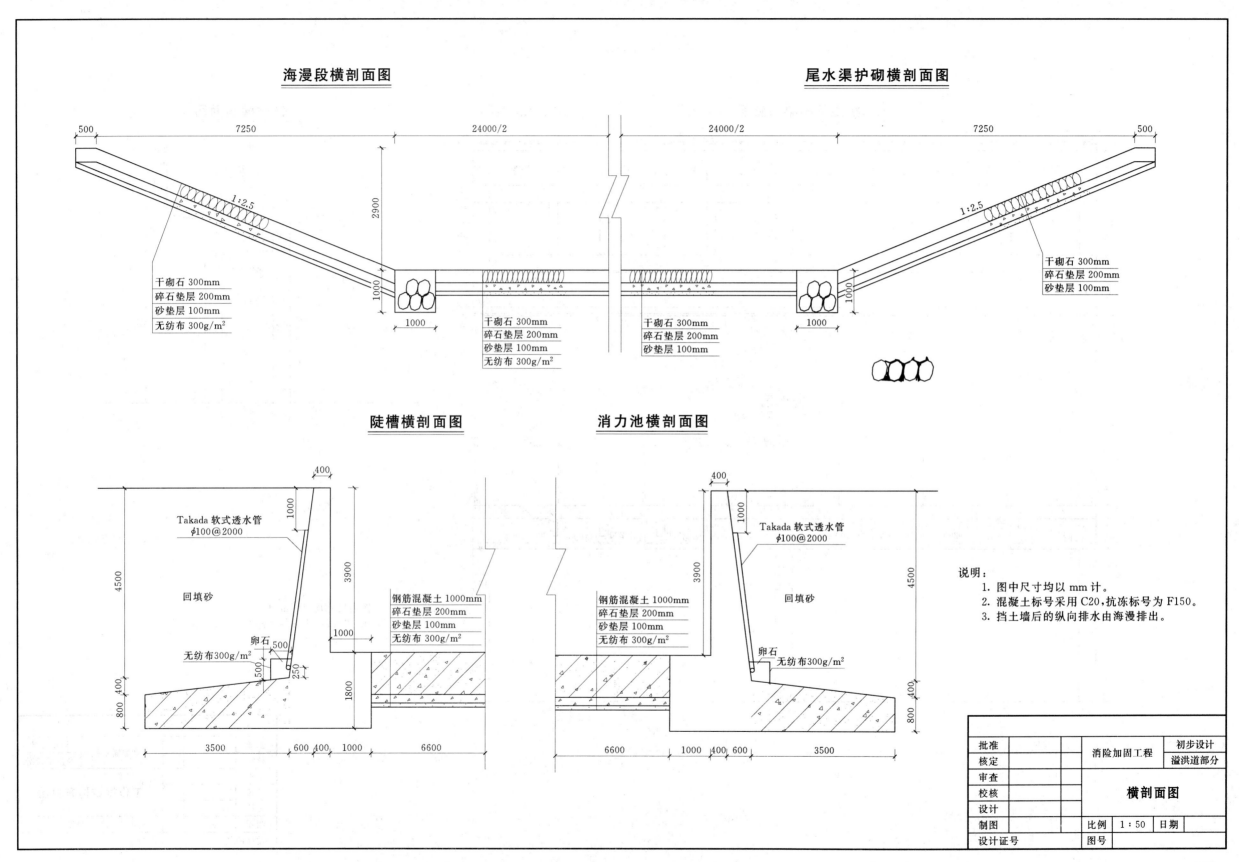

海漫段横剖面图

海漫段横剖面图标注：

500　7250　24000/2

2900

1000

1:2.5

干砌石 300mm
碎石垫层 200mm
砂垫层 100mm
无纺布 300g/m²

1000

干砌石 300mm
碎石垫层 200mm
砂垫层 100mm
无纺布 300g/m²

尾水渠护砌横剖面图

24000/2　7250　500

1:2.5

干砌石 300mm
碎石垫层 200mm
砂垫层 100mm

1000

干砌石 300mm
碎石垫层 200mm
砂垫层 100mm
无纺布 300g/m²

陡槽横剖面图

400

1000

Takada 软式透水管
φ100@2000

4500

回填砂

3900

无纺布 300g/m²

卵石

500

500

250

1000

1800

钢筋混凝土 1000mm
碎石垫层 200mm
砂垫层 100mm
无纺布 300g/m²

800　400

3500　600　400　1000　6600

消力池横剖面图

400

1000

Takada 软式透水管
φ100@2000

3900

钢筋混凝土 1000mm
碎石垫层 200mm
砂垫层 100mm
无纺布 300g/m²

回填砂

4500

卵石　无纺布 300g/m²

800　400

6600　1000　400　600　3500

说明：
1. 图中尺寸均以 mm 计。
2. 混凝土标号采用 C20，抗冻标号为 F150。
3. 挡土墙后的纵向排水由海漫排出。

批准		消险加固工程	初步设计
核定			溢洪道部分
审查			
校核		**横剖面图**	
设计			
制图		比例 1∶50	日期
设计证号		图号	

工作桥主梁横梁布置图

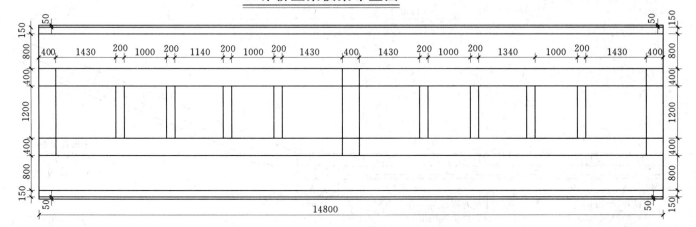

工作桥横剖面图

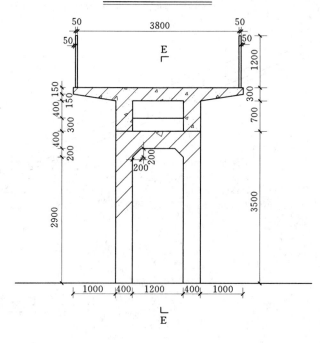

E－E剖面图

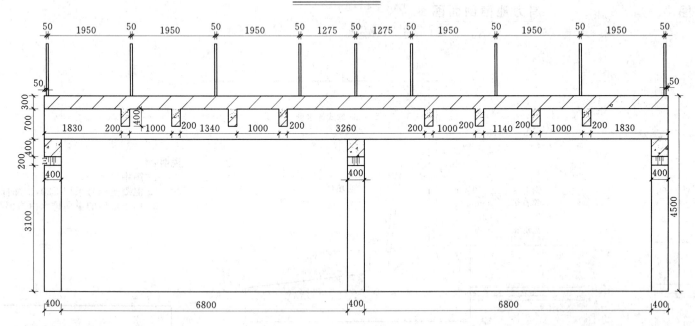

说明：
1. 图中尺寸均以 mm 计。
2. 工作桥混凝土标号采用 C25，抗冻标号为 F150。

批准		消险加固工程	初步设计
核定			溢洪道部分
审查			
校核		**工作桥结构布置图**	
设计			
制图		比例 1：50	日期
设计证号		图号	

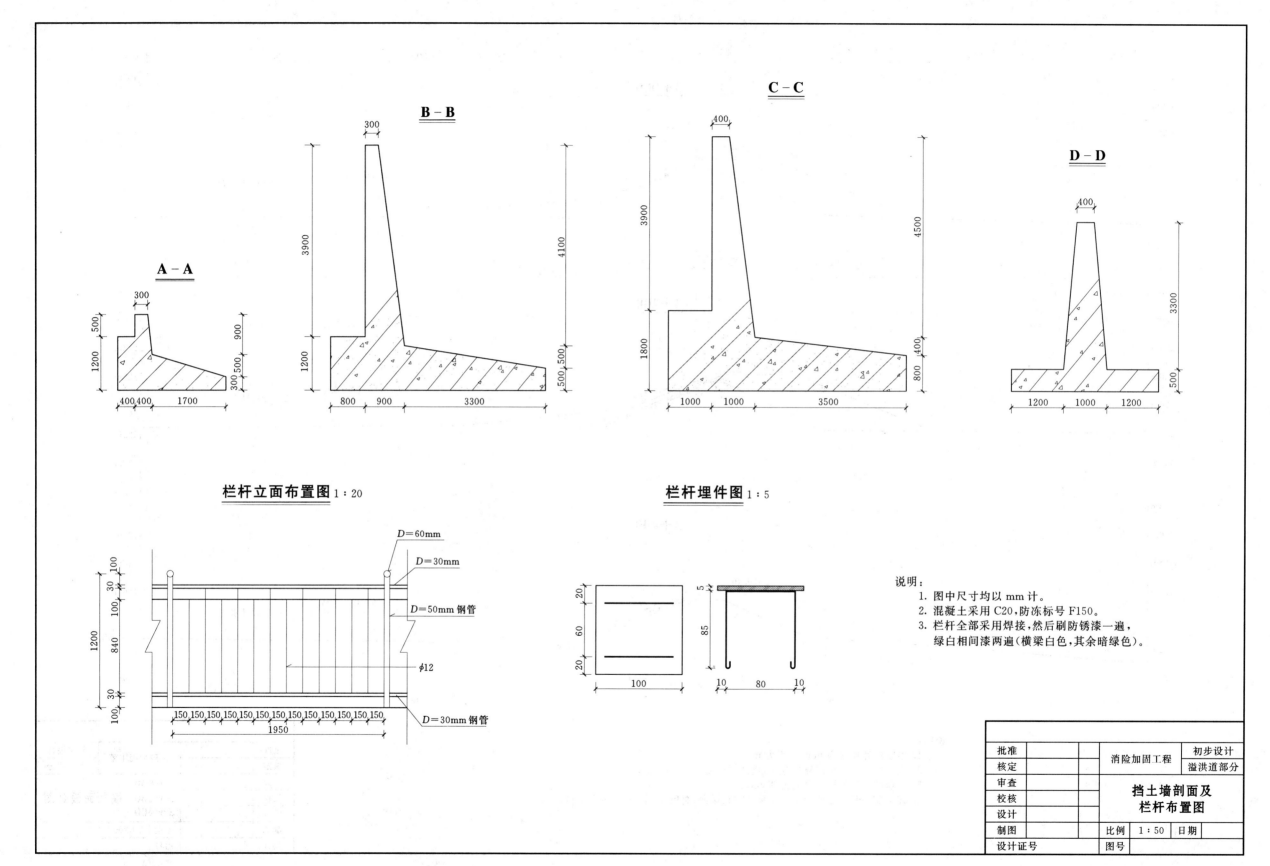

A - A

B - B

C - C

D - D

栏杆立面布置图 1:20

$D=60mm$
$D=30mm$
$D=50mm$ 钢管
$\phi12$
$D=30mm$ 钢管

150 150 150 150 150 150 150 150 150 150 150 150 150
1950

栏杆埋件图 1:5

说明：
1. 图中尺寸均以 mm 计。
2. 混凝土采用 C20，防冻标号 F150。
3. 栏杆全部采用焊接，然后刷防锈漆一遍，
   绿白相间漆两遍（横梁白色，其余暗绿色）。

批准		消险加固工程	初步设计
核定			溢洪道部分
审查		**挡土墙剖面及**	
校核		**栏杆布置图**	
设计			
制图		比例 1:50	日期
设计证号		图号	

67

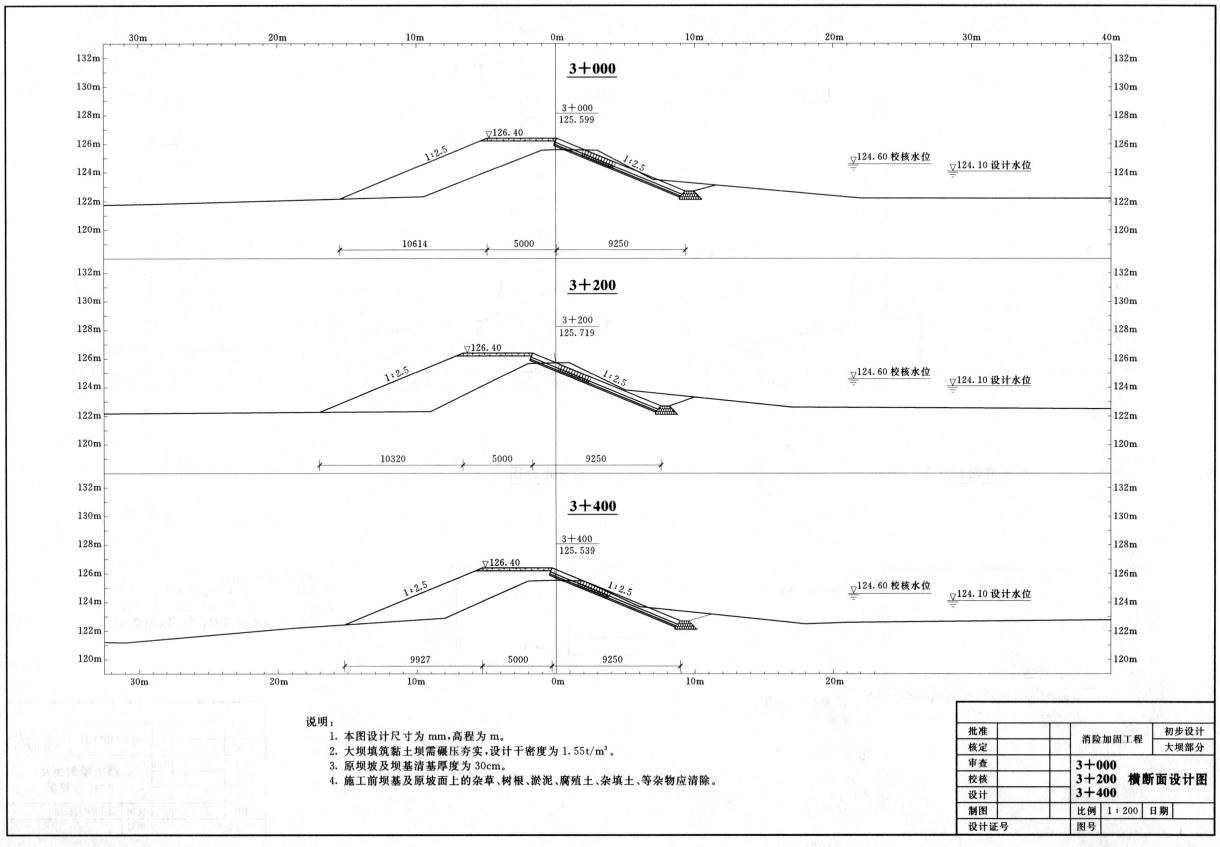

说明：
1. 本图设计尺寸为 mm，高程为 m。
2. 大坝填筑黏土坝需碾压夯实，设计干密度为 1.55t/m³。
3. 原坝坡及坝基清基厚度为 30cm。
4. 施工前坝基及原坡面上的杂草、树根、淤泥、腐殖土、杂填土、等杂物应清除。

批准		消险加固工程	初步设计
核定			大坝部分
审查		3＋000	
校核		3＋200　横断面设计图	
设计		3＋400	
制图		比例	1：200	日期
设计证号		图号	

任务五　渠　道

根据水工建筑物中渠道工程建筑物的相关知识，识读渠道工程图。

1. 渠道概念与分类

渠道，通常指水渠、沟渠，是水流的通道，如图2-5所示。

农田灌溉常利用江河之水，通过地面上所开之"沟"，引入农田。水渠是人工开凿的水道，有干渠、支渠之分。干渠与支渠一般用石砌或水泥筑成。

2. 深入全面识读（图形表达）

图中多处采用简化、省略画法。

3. 识图实训条件

（1）准备工作。资料全面，包括水利工程制图标准、水工建筑知识材料、完整图纸、模型及相关图片等。

（2）实训场地。包括多媒体教学设备、绘图设备。

（3）实训考核。指导教师按课程教学纪律要求，结合学生表现和实训成果评定实训成绩。

4. 工程实例

（a）

（b）

图2-5　渠道

A 型标准断面图

(Q=2.0m³/s, i=1/1000)

A 型标准断面图（岩石基础）

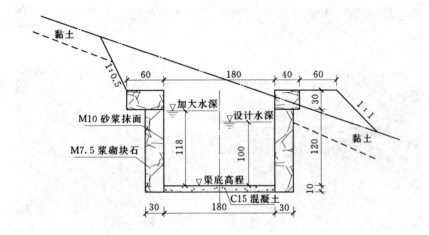

A 型标准断面图（半石半土基础）

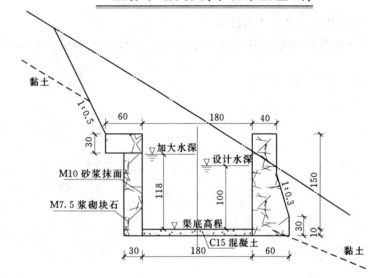

说明：
1. 图中桩号以"km＋m"计，高程以 m 计，其他以 cm 计。
2. 明渠断面，每隔 5m 设一道横向施工缝，缝宽 20mm，采用木屑砂浆止水，木屑水泥浆的配合比为水泥：木屑：沙＝1：0.6：4。
3. M10 砂浆抹面厚度为 20mm。

B 型标准断面图

($Q=1.10\text{m}^3/\text{s}, i=1/1000$)

B 型标准断面图(岩石基础)

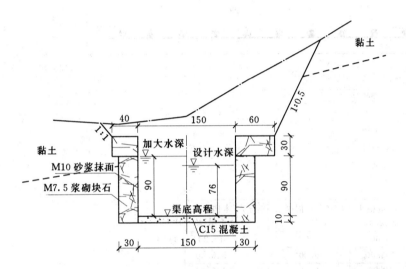

B 型标准断面图

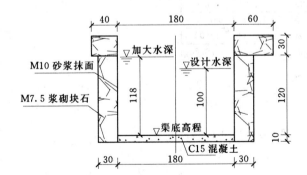

桩号:21+430~21+540
设计纵坡:$i=1/1000$
设计流量:$Q=2.03\text{m/s}$

B2 标准断面图(半石半土基础)

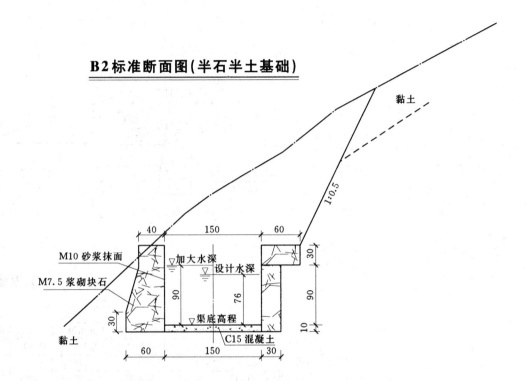

说明:
1. 图中桩号以"km+m"计,高程以 m 计,其他以 cm 计。
2. 明渠断面,每隔 5m 设一道横向施工缝,缝宽 20mm,采用木屑砂浆止水,木屑水泥浆的配合比为水泥:木屑:沙=1:0.6:4。
3. M10 砂浆抹面厚度为 20mm。

C 型标准断面图

（$Q=1.10m^3/s, i=1/10$）

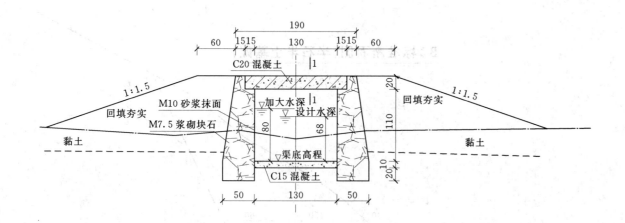

1－1 剖面配筋图 1:20

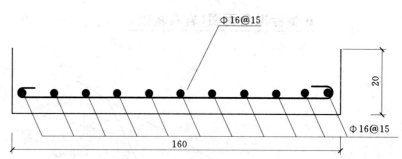

工程量统计表

渠道名称	开挖/m³			回填/m³		M7.5浆砌块石挡墙/m³	M10水泥砂浆抹面/m²	C15混凝土底板/m³	C20钢筋混凝土盖板/m³	钢筋/t	木屑砂浆止水/m
	土方	石方	沟槽石方	土方回填	石渣回填						
1号明渠段	0.47	0.71	92.84	1.18	34.49	24.17	80.00	3.60	0.00	0.00	19.20
2号明渠段	333.93	500.90	3689.00	555.60	1406.34	930.83	3400.00	153.00	0.00	0.00	816.00
3号明渠段	60.17	90.26	578.39	88.66	190.06	118.80	440.00	19.80	0.00	0.00	105.60
4号明渠段	58.61	87.98	614.68	66.20	207.62	131.63	480.00	21.60	0.00	0.00	115.20
5号明渠段	228.46	342.70	1153.76	288.94	431.02	308.50	1000.00	45.00	0.00	0.00	240.00
6号明渠段	262.11	393.16	3536.73	726.92	1428.06	1076.07	3320.00	149.40	0.00	0.00	796.80
7号明渠段	697.21	1045.82	4345.45	889.32	1378.26	1306.68	4080.00	180.00	0.00	0.00	936.00
暗渠	0.00	0.00	86.10	0.00	132.52	76.80	132.00	7.80	19.20	2.33	42.00
汇总	1640.96	2461.51	14096.96	2616.83	5208.38	3973.48	12932.00	580.20	19.20	2.33	3070.80

说明:
1. 图中桩号以"km＋m"计,高程以 m 计,其他以 cm 计。
2. 明渠断面,每隔 5m 设一道横向施工缝,缝宽 20mm,采用木屑砂浆止水,木屑水泥浆的配合比为水泥∶木屑∶沙＝1∶0.6∶4。
3. M10 砂浆抹面厚度为 20mm。
4. 盖板混凝土保护层厚度 50mm。

干渠(20+230~32+460)纵断面图

横：1:4000
纵：1:200

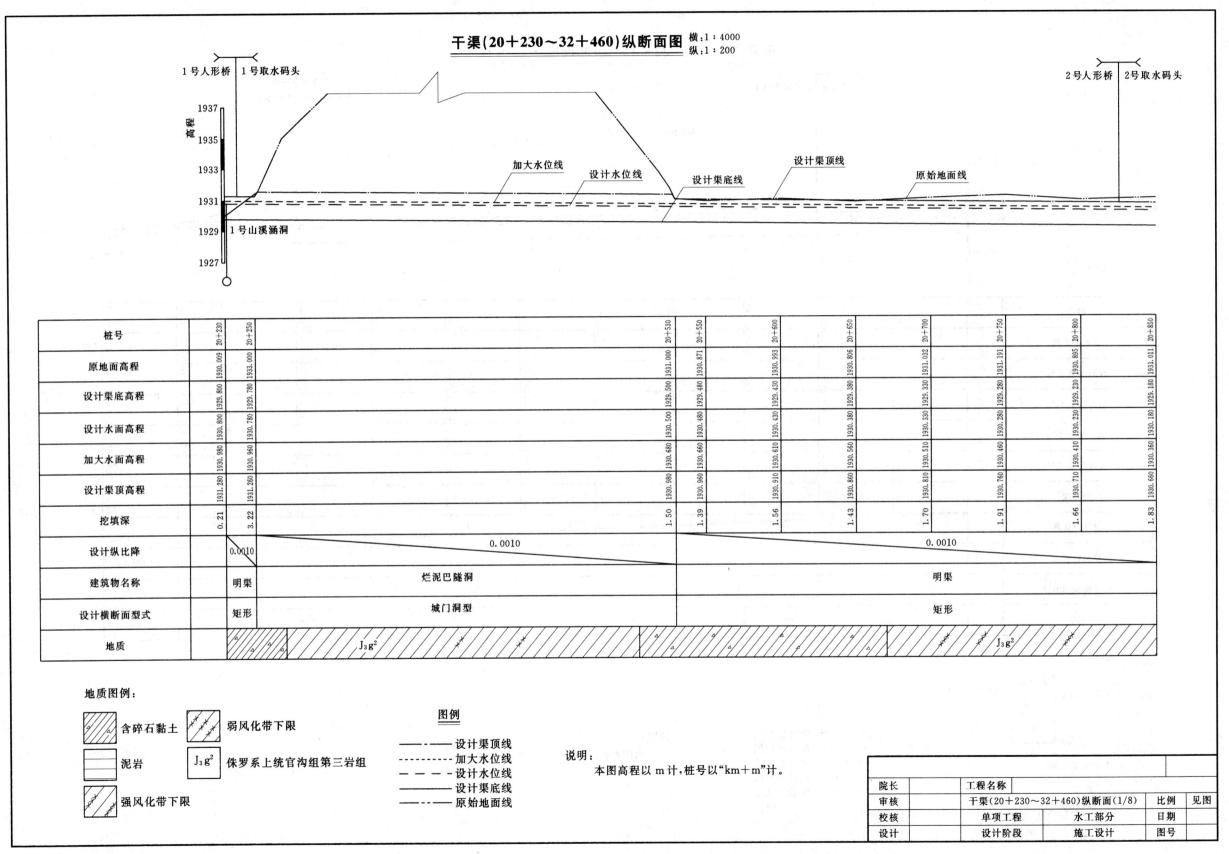

桩号	20+230	20+250		20+530	20+550	20+600	20+650	20+700	20+750	20+800	20+850
原地面高程	1930.009	1933.000		1931.000	1930.871	1930.993	1930.806	1931.032	1931.191	1930.885	1931.011
设计渠底高程	1929.800	1929.780		1929.500	1929.480	1929.430	1929.380	1929.330	1929.280	1929.230	1929.180
设计水面高程	1930.800	1930.780		1930.500	1930.480	1930.430	1930.380	1930.330	1930.280	1930.230	1930.180
加大水面高程	1930.980	1930.960		1930.680	1930.660	1930.610	1930.560	1930.510	1930.460	1930.410	1930.360
设计渠顶高程	1931.280	1931.260		1930.980	1930.960	1930.910	1930.860	1930.810	1930.760	1930.710	1930.660
挖填深	0.21	3.22		1.50	1.39	1.56	1.43	1.70	1.91	1.66	1.83
设计纵比降	0.0010		0.0010					0.0010			
建筑物名称	明渠		烂泥巴隧洞					明渠			
设计横断面型式	矩形		城门洞型					矩形			
地质			J_3g^2							J_3g^2	

地质图例：

含碎石黏土　　弱风化带下限

泥岩　　J_3g^2　侏罗系上统官沟组第三岩组

强风化带下限

图例

—·—　设计渠顶线
·······　加大水位线
——　设计水位线
——　设计渠底线
——　原始地面线

说明：
本图高程以 m 计，桩号以"km+m"计。

院长		工程名称		
审核		干渠(20+230~32+460)纵断面(1/8)	比例	见图
校核		单项工程	水工部分	日期
设计		设计阶段	施工设计	图号

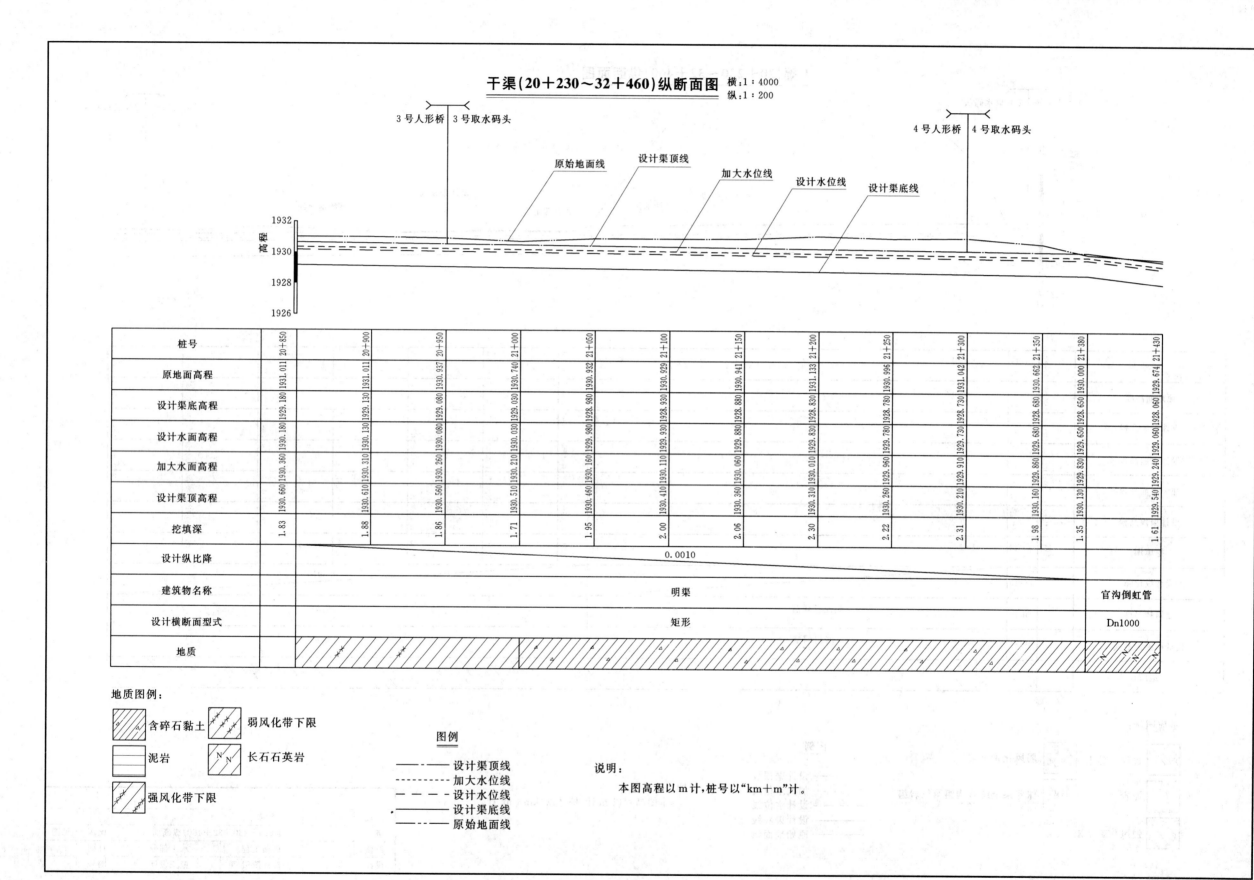

干渠(20+230~32+460)纵断面图 横:1:4000 纵:1:200

3号人形桥　3号取水码头　　原始地面线　设计渠顶线　加大水位线　设计水位线　设计渠底线　4号人形桥　4号取水码头

桩号	20+850	20+900	20+950	21+000	21+050	21+100	21+150	21+200	21+250	21+300	21+350	21+380	21+430
原地面高程	1931.011	1931.011	1930.937	1930.740	1930.932	1930.929	1930.941	1931.133	1930.996	1931.042	1930.662	1930.000	1929.674
设计渠底高程	1929.180	1929.130	1929.080	1929.030	1928.980	1928.930	1928.880	1928.830	1928.780	1928.730	1928.680	1928.650	1928.600
设计水面高程	1930.180	1930.130	1930.080	1930.030	1929.980	1929.930	1929.880	1929.830	1929.780	1929.730	1929.680	1929.650	1929.600
加大水面高程	1930.360	1930.310	1930.260	1930.210	1930.160	1930.110	1930.060	1930.010	1929.960	1929.910	1929.860	1929.830	1929.240
设计渠顶高程	1930.660	1930.610	1930.560	1930.510	1930.460	1930.410	1930.360	1930.310	1930.260	1930.210	1930.160	1930.130	1929.540
挖填深	1.83	1.88	1.86	1.71	1.95	2.00	2.06	2.30	2.22	2.31	1.98	1.35	1.61
设计纵比降						0.0010							
建筑物名称					明渠								官沟倒虹管
设计横断面型式					矩形								Dn1000
地质													

地质图例:

含碎石黏土　弱风化带下限

泥岩　长石石英岩

强风化带下限

图例
—·—　设计渠顶线
-------　加大水位线
— —　设计水位线
———　设计渠底线
—··—　原始地面线

说明:
本图高程以 m 计,桩号以"km+m"计。

74

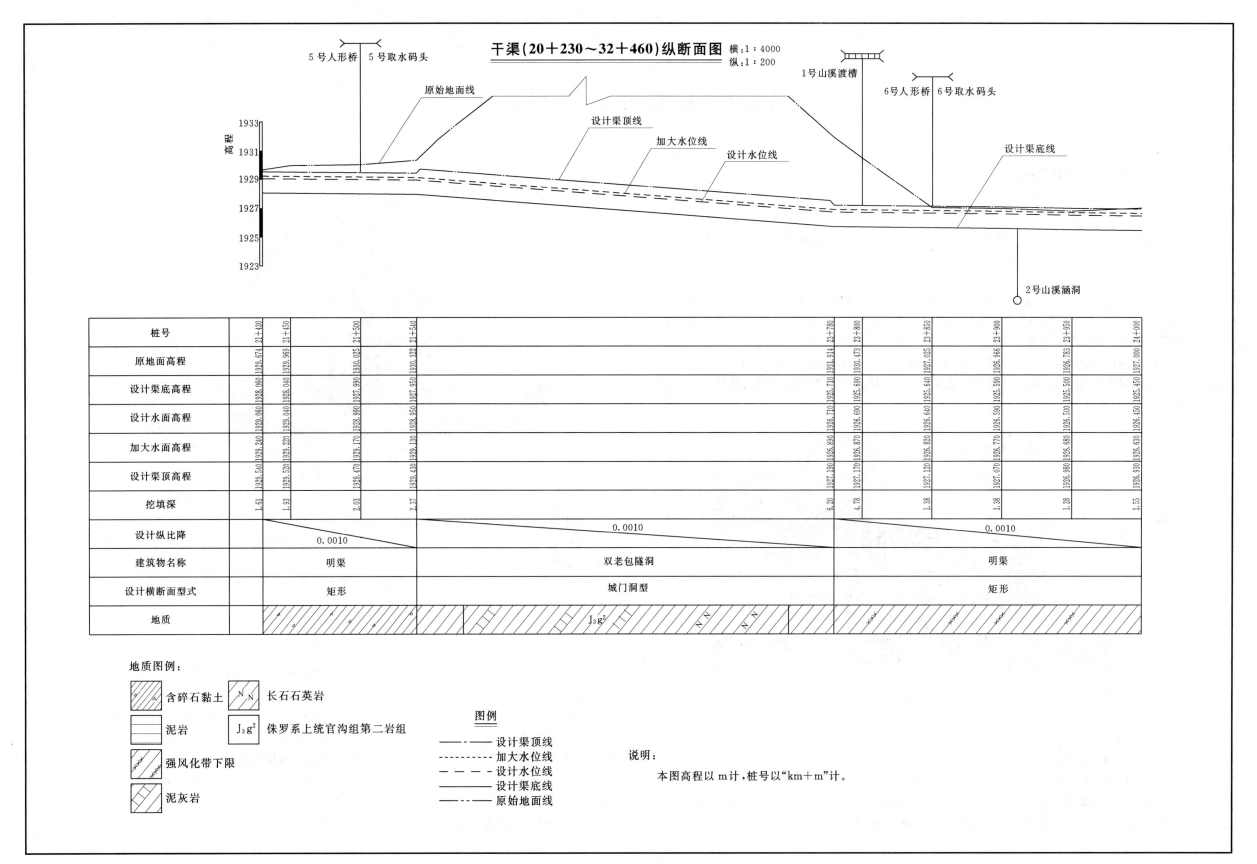

干渠(20＋230～32＋460)纵断面图　横:1:4000　纵:1:200

5号人形桥　5号取水码头　原始地面线　设计渠顶线　加大水位线　设计水位线　1号山溪渡槽　6号人形桥　6号取水码头　设计渠底线　2号山溪涵洞

高程 1933 1931 1929 1927 1925 1923

桩号	21＋430	21＋450	21＋500	21＋550	23＋780	23＋800	23＋850	23＋900	23＋950	24＋000
原地面高程	1929.674	1929.969	1930.025	1933.323	1931.914	1930.473	1927.025	1926.966	1926.783	1927.000
设计渠底高程	1928.060	1928.040	1927.990	1927.950	1925.710	1925.690	1925.640	1925.590	1925.500	1925.450
设计水面高程	1929.060	1929.040	1928.990	1928.950	1926.710	1926.690	1926.640	1926.590	1926.500	1926.450
加大水面高程	1929.240	1929.220	1929.170	1929.130	1926.890	1926.870	1926.820	1926.770	1926.680	1926.630
设计渠顶高程	1929.540	1929.520	1929.470	1929.430	1927.190	1927.170	1927.120	1927.070	1926.980	1926.930
挖填深	1.61	1.93	2.03	2.37	6.20	4.78	1.38	1.38	1.28	1.55
设计纵比降	0.0010				0.0010			0.0010		
建筑物名称	明渠				双老包隧洞			明渠		
设计横断面型式	矩形				城门洞型			矩形		
地质					J_3g^2					

地质图例:

含碎石黏土　长石石英岩
泥岩　J_3g^2　侏罗系上统官沟组第二岩组
强风化带下限
泥灰岩

图例
—·—　设计渠顶线
········　加大水位线
----　设计水位线
———　设计渠底线
—··—　原始地面线

说明:
本图高程以 m 计,桩号以"km＋m"计。

第三篇 房屋建筑工程识图

一、识读房屋建筑工程图

（一）房屋建筑概念及分类

1. 房屋建筑

房屋建筑是指在完成基础设施建设的土地上建设房屋等建筑物，包括住宅楼、工业厂房、商业楼宇、写字楼以及其他专用房屋。

2. 建筑工程分类

（1）按建筑物使用功能，分为民用建筑、工业建筑和构筑物。民用建筑，包括住宅类（多层、高层）和公用类（单层、多层、高层、超高层）；工业建筑，与工艺流程有关；构筑物，包括各类塔、标志性碑。

（2）按房屋建筑高度，分为低层建筑、多层建筑、高层建筑和超高层建筑。低层建筑是1~3层的建筑；多层建筑是4~6层的建筑（图3-1）；10层以上的是高层建筑（图3-2）；100m以上的就属于超高层建筑。

图3-2 高层建筑

（1）建筑施工图（简称建施）。主要表示房屋的建筑设计内容。包括总平面图、建筑平面图、建筑立面图、建筑剖面图和建筑详图等。

（2）结构施工图（简称结施）。主要表示房屋的结构设计内容。包括结构平面布置图、构件详图等。

（3）设备施工图（简称设施）。主要表示给水排水、采暖通风、电气照明等设备的布置及安装要求。包括平面布置图、系统图和安装图等。

建筑施工图是房屋建筑中最基本的图样。

2. 房屋建筑图的形成

（1）建筑平面图的形成。假想用一个水平剖切平面沿房屋的门窗洞口的位置把房屋切开，移去上部之后，画出的水平剖面图，称为建筑平面图，简称平面图。沿底层门窗洞口切开后得到的平面图，称为底层平面图，沿二层门窗洞口切开后得到的平面图，称为二层平面图，依次可以得到三层、四层的平面图。当某些楼层平面相同时，可以只画出其中一个平面图，称其为标准层平面图。房屋屋顶的水平投影图称为屋顶平面图。

图3-3所示为一栋单元式住宅的底层平面图（局部），图3-4所示为标准层单元平面图，图3-5所示为屋顶平面图。

（2）建筑立面图的形成。

图3-1 多层建筑

（二）房屋建筑图

1. 房屋建筑图的分类

将一幢房屋的全貌及细部，按正投影原理及建筑制图的有关规定，准确而详尽地在图纸上表达出来，就是房屋建筑图。表达一幢房屋的图纸有许多张，按照专业的分工不同，这些图纸可分为三类：建筑施工图、结构施工图和设备施工图。

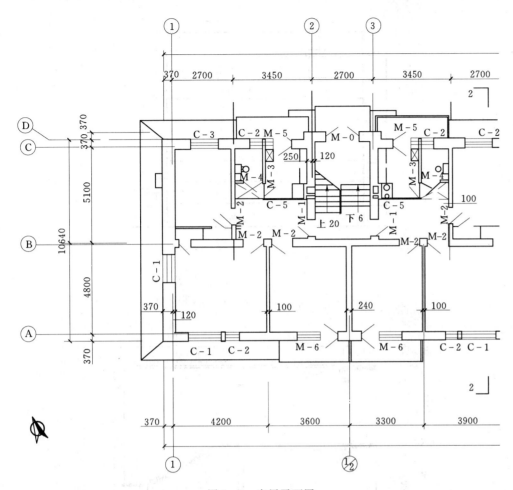

图 3-3 底层平面图

建筑立面图是房屋在与外墙面平行的投影面上的投影。一般房屋有四个立面，即从房屋的前、后、左、右四个方向所得的投影图，当然根据具体情况可以增加或减少。其名称可按立面的主次分：反映主要出入口或较显著反映建筑物外貌特征的立面图称为正立面图；其余立面图相应地称为背立面图、左侧立面图和右侧立面图。也可按建筑物的立面朝向分为东立面图、南立面图、西立面图和北立面图。还可按立面图两端的轴线编号分，如图 3-6 是北立面图（也是⑦～①立面图）（局部），图 3-7 是南立面图（也是①～⑦立面图）（局部），图 3-8 是东立面图。

（3）建筑剖面图的形成。

建筑剖面图是假想用一个铅垂剖切平面把房屋剖开后所画出的剖面图，称为建筑剖面图，简称剖面图。剖切的位置常取楼梯间、门窗洞口及构造比较复杂的典型部位，以表示房屋内部垂直方向上的内外墙、各楼层、楼梯间的梯段板和休息平台、屋面等的构造和相互位置关系等。至于剖面图的数量，则根据房屋的复杂程度和施工的实际需要而定。

剖面图的名称必须与平面图上所标的剖切位置和剖视方向一致。如图 3-9 中的 1-1 剖面图，它的剖切位置由底层平面图（图 3-3）中可看出，是通过单元入口、楼梯间及一个

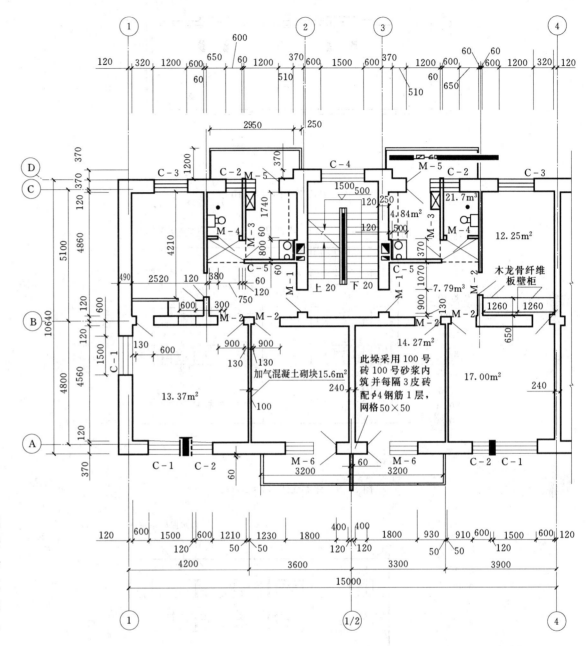

图 3-4 标准层单元平面图

阳面居室的部位，是阶梯剖面图，剖视方向是自右向左。

（三）建筑施工图制图标准的有关规定

建筑施工图的绘制应遵守《房屋建筑制图统一标准》（GB/T 50001—2010）、《总图制图标准》（GB/T 50103—2010）、《建筑制图标准》（GB/T 50104—2001）等的规定。

1. 比例

绘制建筑施工图，各种图样宜选用表 3-1 规定的比例。

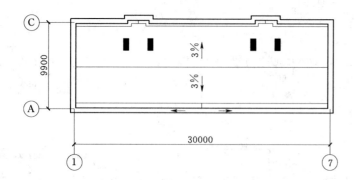

图 3-5 屋顶平面图 (1:100)

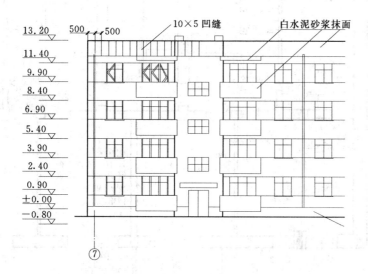

图 3-6 北立面图 (1:100)

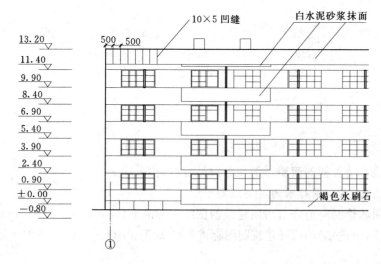

图 3-7 南立面图 (1:100)

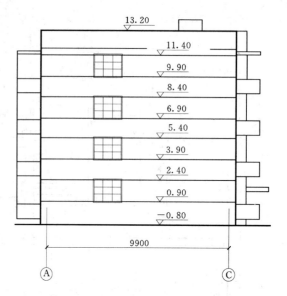

图 3-8 东立面图 (1:100)

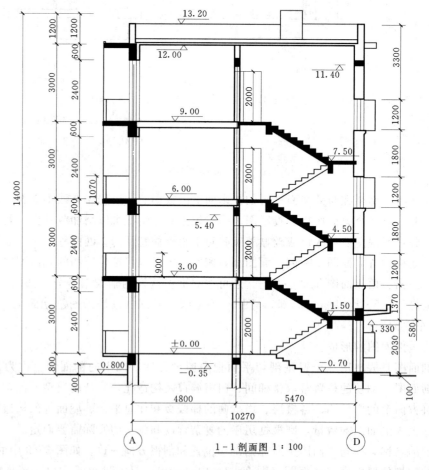

1-1 剖面图 1:100

图 3-9 1-1 剖面图

表 3-1		比　例
图　名		常　用　比　例
总平面图		1:500, 1:1000, 1:2000
平、立、剖面图		1:50, 1:100, 1:200
详图		1:1, 1:2, 1:5, 1:10, 1:20, 1:50

2. 图线

建筑专业制图采用的各种线型，应符合表 3-2 的规定。

表 3-2			线　型
名　称	图线型式	线　宽	用　途
粗实线	——	粗	平、剖视图中被剖切的主要建筑构造（包括构配件）的轮廓线；建筑立面图的外轮廓线；建筑构造详图中被剖切的主要部分的轮廓线；建筑构配件详图中构配件的外轮廓线
中实线	——	中粗	平、剖视图中被剖切的次要建筑构造（包括构配件）的轮廓线；建筑平、立、剖视图中建筑构配件的轮廓线；建筑构造详图及建筑构配件详图中一般轮廓线
细实线	——	细	图形线、尺寸线、尺寸界线、图例线、索引符号、标高符号等
双折线	—⌇—	细	不需要画全的断开界线
细点划线	—·—·—	细	中心线、对称线、定位轴线

3. 定位轴线

为了便于施工时定位放线和查阅图纸，一般对承重墙、柱的轴线进行编号。其方法是用细点划线从承重墙或柱的中心引出，引出的端部用细实线画一直径为 8mm 的圆圈（详图上画 10mm），并在圈内写上编号。在平面图上水平方向的编号采用阿拉伯数字，从左向右依次编号，垂直方向的编号用大写拉丁字母自下而上依次编写。拉丁字母的 I、O、Z 不得用作轴线编号，以免与数字 1、0、2 混淆，如图 3-10 所示。

4. 尺寸标注

尺寸一般以 mm 为单位，标高以 m 为单位。与水工图相比，建筑图上的尺寸标注一般有两点不同：

（1）尺寸起止符号不同。标注线性尺寸时，建筑图中用中粗短斜线，倾斜方向与尺寸界线成顺时针 45°角，长度 2～3mm，直径、半径、角度尺寸起止处仍用箭头表示。

（2）标高符号不同。个体建筑平、立、剖视图中的标高采用相同的符号，标高数字注写在三角形水平边线的延长线上，如图 3-11 所示。总平面图采用涂黑的三角形，如图 3-12

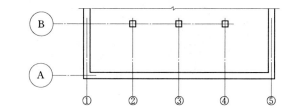

(a)

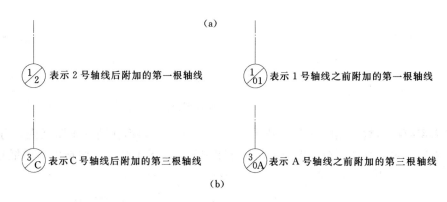

(b)

图 3-10　定位轴线的编号顺序

所示。

标高的指向如图 3-13 所示，同一位置注写多个标高数字如图 3-14 所示。

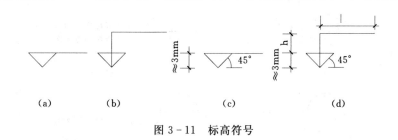

(a)　　　　(b)　　　　(c)　　　　(d)

图 3-11　标高符号

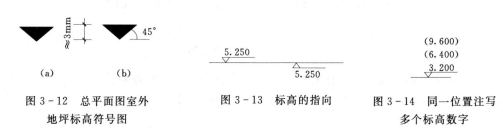

(a)　　　(b)

图 3-12　总平面图室外
地坪标高符号图

图 3-13　标高的指向

图 3-14　同一位置注写
多个标高数字

5. 索引符号和详图符号

图样中的某一局部或构件如需要另画出详图，应在需放大部位画出索引符号注明详图的位置和编号，并在相应的详图下方注写对应的详图符号。详图索引符号和详图符号的画法如图 3-15、图 3-16 所示。

索引符号是由直径为 10mm 的圆和水平直径组成，圆和水平直径均应以细实线绘制。

详图符号用一粗实线圆绘制，直径为 14mm。详图与被索引的图样同在一张图纸内时，

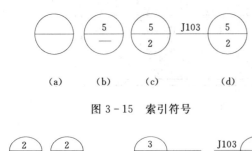

图 3-15 索引符号

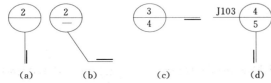

图 3-16 用于索引剖面详图的索引符号

应在符号内用阿拉伯数字注明详图编号 [图 3-17 (b)]。如不在同一张图纸内,可用细实线在符号内画一水平直径,在上半圆中注明详图编号,在下半圆中注明被索引图纸号 [图 3-17 (b)]。

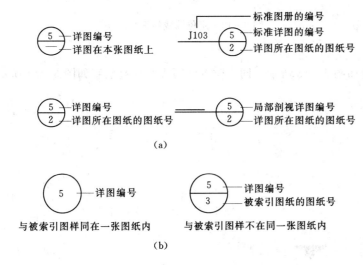

图 3-17 索引符号和详图符号

引出线应以细实线绘制,宜采用水平方向的直线、与水平方向成 30°、45°、60°、90°的直线,或经上述角度再折为水平线,如图 3-18、图 3-19 所示。

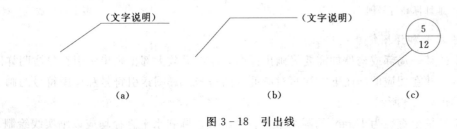

图 3-18 引出线

图 3-19 共同引出线

6. 图例

常用建筑材料图例见表 3-3。

表 3-3 常用建筑材料图例

名 称	图 例	备 注
自然土壤		包括各种自然土壤
夯实土壤		
砂、灰土		靠近轮廓线绘较密的点
普通砖		包括实心砖、多孔砖、砌块等砌体。断面较窄不易绘出图例线时,可涂红
混凝土		(1) 本图例指能承重的混凝土及钢筋混凝土; (2) 包括各种强度等级、骨料、添加剂的混凝土; (3) 在剖面图上画出钢筋时,不画图例线; (4) 断面图形小,不易画出图例线时,可涂黑
钢筋混凝土		
金属		(1) 包括各种金属; (2) 图形小时,可涂黑

常用构件及配件图例见表 3-4。

表 3-4 常用构件及配件图例

名称	图 例	名称	图 例	名称	图 例	名称	图 例
单扇门		推拉门		固定窗		推拉窗	
通风道		烟道		坑槽		孔洞	
楼梯平面图	底层 中间层 顶层			坐便器		水池	
				墙预留洞	宽×高或φ 底(或中心)标高××.××		

总平面图例,参见《总图制图标准》(GB/T 50103—2010),这里从略。

（四）建筑施工图

建筑施工图与水利工程图的绘图原理相同，但因表达的对象和所依据的制图标准不同，建筑施工图具有其独有的特点，与水工图相比有许多不同处，分别介绍如下。

1. 总平面图

总平面图主要以图例的形式来表示一项工程的总体布局，说明新建工程的位置、朝向、与原有房屋的关系、标高、道路、绿化、地形、地貌等情况。

2. 平面图

（1）图示内容。

一般地，平面图包括以下内容：

1）图名、比例、朝向。

2）各房间的名称、布置、联系、数量、室内标高。

3）建筑物的总长、总宽。

4）定位轴线：确定建筑结构和构件的位置。

5）尺寸。

（2）图示要求。

1）定位轴线及编号。定位轴线以细点划线绘制，墙体内可以断开不画。轴线编号的圆圈应大小一致、排列整齐。

2）图线。建筑平面图中被剖切到的可见轮廓线，如窗台、台阶、散水、栏杆等用中粗线画出；尺寸线用细实线画出。

3）图例与符号。门、窗均按"国际"规定的图例绘制，并在图例旁注写门窗代号，"M" 或 "C"。

不同大小的门、窗以不同的编号区分。此外、应以列表方式表达门窗的类型、制作材料等。

底层平面图需表明室外散水、明沟、台阶、坡道等内容。二层以上平面图则需表明雨篷、阳台等内容。

标注剖切符号和索引符号。平面图上剖切位置和剖视方向的规定，同水工图规定相同。

在底层平面图附近画出指北针（一般取上北下南）。

标注出各层地面的相对标高。

4）尺寸标注。建筑平面图中一般注有3道尺寸，如图3-20所示：第1道尺寸，标注房屋外轮廓总尺寸，即从一端的外墙边到另一端的外墙边的总长和总宽尺寸；第2道尺寸，标注轴线间的距离，用以说明房间的大小即开间和进深尺寸；第3道尺寸，标注外墙上门窗洞宽度和位置及其他细部的大小和位置的尺寸，标注这道尺寸时，应与轴线联系起来。

5）图名和比例。每个图样一般均应标注图名，图名注写在图形的下方，并在图名下画一粗横线。比例注写在图名的右侧，比例的字高比图名字高小1号或2号，如图3-20所示。

3. 立面图

（1）图示内容。

一般地，立面图包括以下内容：

1）图名、比例。

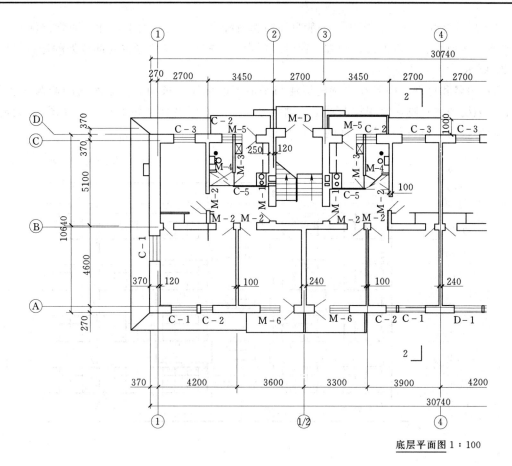

底层平面图 1：100

图 3-20 底层平面图

2）立面两点的定位轴线及其编号。

3）门窗的位置和形状。

4）屋顶的外形。

5）外墙面的装饰及做法。

6）台阶、雨篷、阳台等的位置、形状和做法。

7）标高及必须标注的局部尺寸。

8）详图索引符号。

（2）图示要求。

1）定位轴线及编号。立面图上可只标出两端的轴线及其编号（注意编号与平面图上是对应的），用以确定立面的朝向。如图3-21所示。

2）图线。为了使立面图外形清晰、重点突出、层次分明，往往用不同的线型表示各部分的轮廓线。立面图的最外轮廓线画成粗实线，室外地平线的宽度画成1.4倍的粗实线；台阶、雨篷、阳台等部分的外轮廓以及门、窗洞口的轮廓画成中实线；门、窗、扇的分格线及其他细部轮廓、引条线等画成细实线。

3）图例。立面图上的门窗也按规定的图例绘制，但不注门、窗代号。

4）尺寸标注。在立面图中，一般只注写相对标高，不注写大小尺寸。通常需注写出屋外地坪、楼地面、入口地面、勒脚、窗台、门窗顶及檐口、屋顶等主要部位处的标高，如图3-21所示。

5）图名和比例。图名和比例的标注与平面图的标注要求相同。立面图的命名方法是：有定位轴线的建筑物，宜根据两端定位轴线号编注立面图名称（如①～⑧立面图），无定位轴线的建筑物，可按平面图各面的方向确定名称。

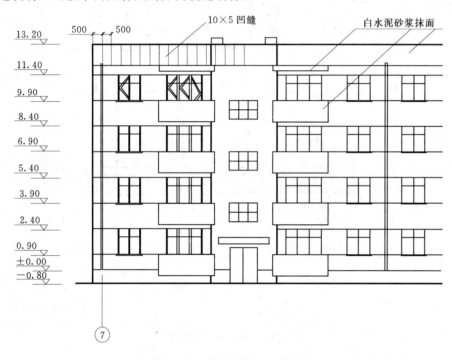

图3-21 北立面图（1:100）

4. 剖视图

水工图中剖视图的表达方式在房屋建筑图中称为剖面图，水工图中剖面图的表达方式在房屋建筑图中称为断面图。

（1）图示内容。

一般地，剖视图包括以下内容：

1）图名、比例。

2）外墙的定位轴线及其编号。

3）剖切到的室内地面、楼板、屋顶、内外墙及门窗、各种梁、楼梯、阳台、雨篷等的位置、形状及图例。地面以下的基础一般不画。

4）未剖切到的可见部分，如墙面上的凹凸轮廓、门窗、梁、柱等的位置和形状。

5）垂直尺寸及标高。

6）详图索引符号。

（2）图示要求。

1）定位轴线及编号。与立面图一样，剖视图上也可只标出两端的轴线及其编号，以便

与平面图对照来说明剖视图的投影方向，如图3-22所示。

2）图线。与平面图一样剖切到的构件（如墙身）的轮廓线用粗实线画出；未剖切到的可见轮廓用中粗线表示，楼梯扶手栏杆用细实线表示。室内外地坪用加粗的粗实线表示。

3）图例。剖视图上的门窗仍按规定的图例绘制，材料图例与平面图的要求相同。

4）尺寸标注。剖视图一般应标注垂直尺寸及标高，外墙的高度一般也标注三层，第一层为剖切到的门窗洞口及洞间墙的高度尺寸（以楼面为基准来标注），第二层为层高尺寸，第三层为总高尺寸。剖视图中还须标注室内外地面、楼面、楼梯平台等处的标高，如图3-22所示。

5）图名和比例。图名和比例的标注与平面图的标注要求相同。图名通常以剖切编号命名。

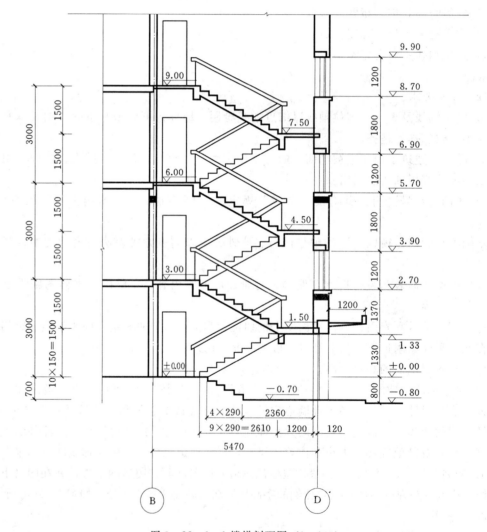

图3-22 1-1楼梯剖面图（1:100）

5. 详图

建筑详图与水工详图一样都是表明细部构造、尺寸及用料等全部资料的详细图样。其特点是比例大、尺寸齐全、文字说明详尽。详图可采用视图、剖面图等表示方法，凡在建筑平、立、剖面图中没有表达清楚的细部构造，均需用详图补充表达。在详图上，尺寸标注要齐全，要注出主要部位的标高，用料及做法也要表达清楚。

为了便于看图，弄清楚各视图之间的关系，凡是视图上某一部分（或某一构件）另有详图表示的部位，必须注明详图索引符号，并且在详图上要注明详图符号，如图3-23所示。

二、房屋建筑工程识图实训

1. 识读建筑工程图实例

根据建筑工程识图相关知识，识读建筑工程图实例。

2. 深入全面识读（图形表达）

图中多处采用简化、省略画法。

3. 识图实训条件

（1）准备工作。资料全面，包括建筑工程制图标准、房屋知识材料、完整图纸、模型及相关图片等。

（2）实训场地。包括多媒体教学设备、绘图设备。

（3）实训考核。指导教师按课程教学纪律要求，结合学生表现和实训成果评定实训成绩。

4. 工程实例

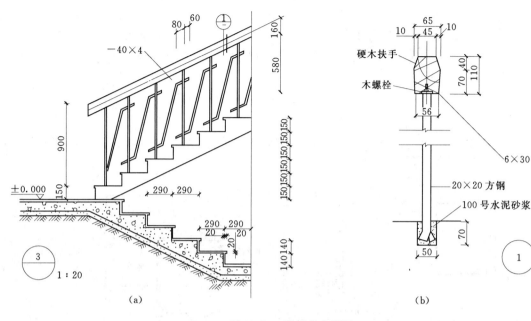

图3-23 楼梯节点详图

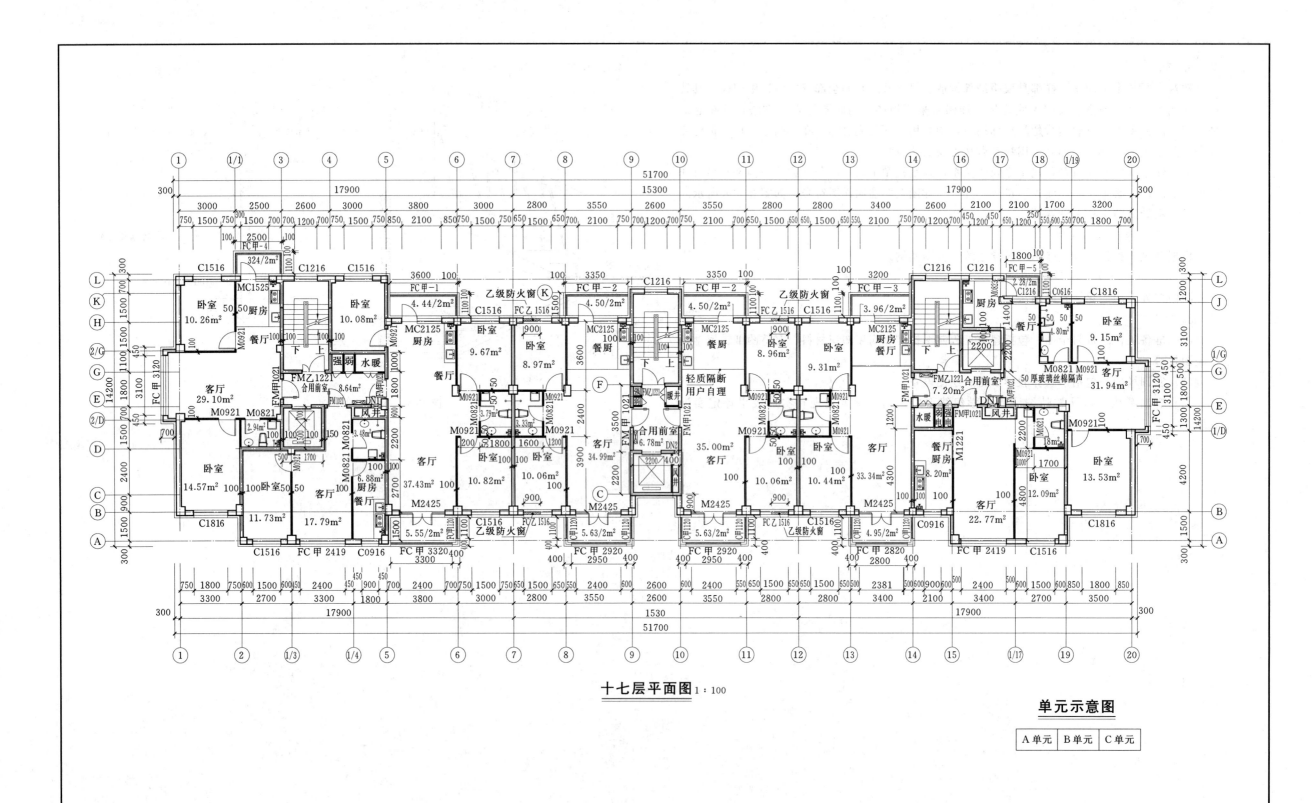

十七层平面图 1:100

单元示意图

| A单元 | B单元 | C单元 |

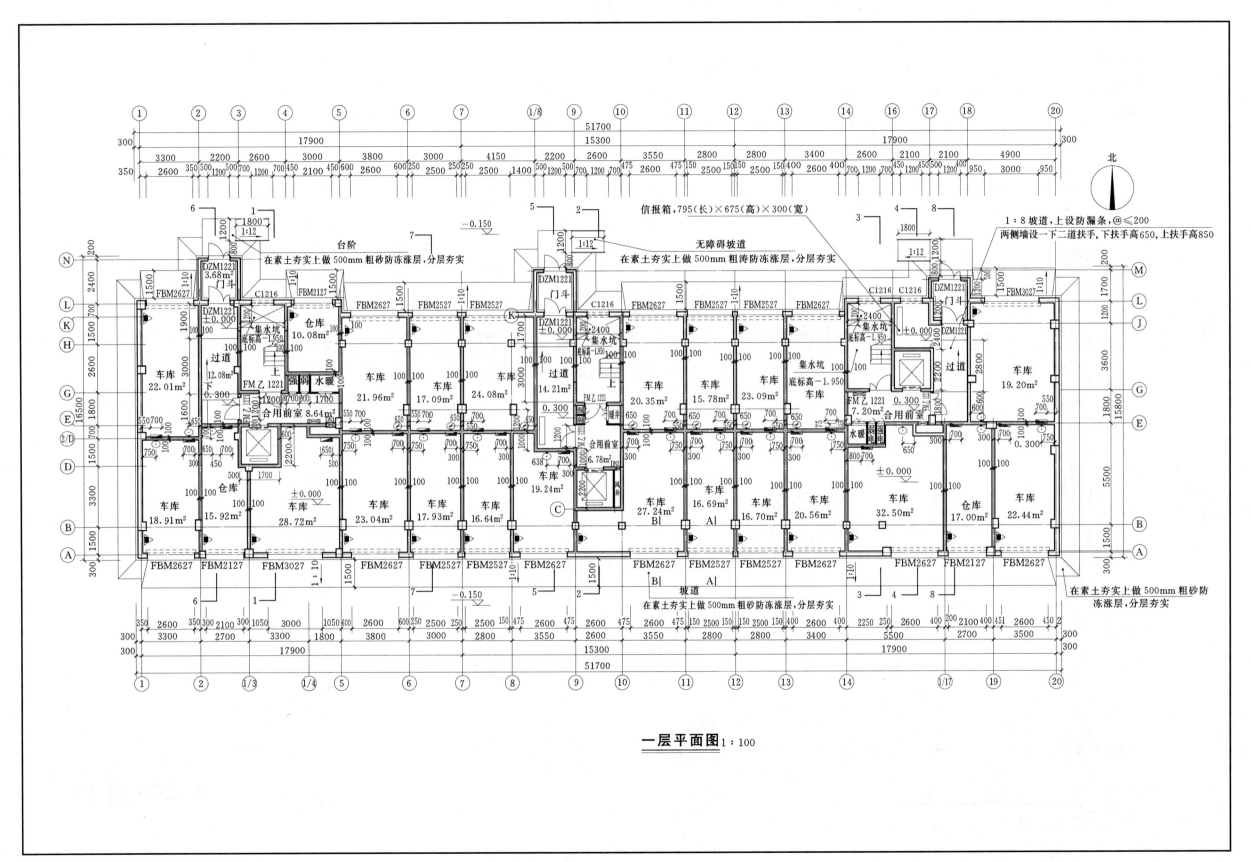

一层平面图 1:100

乳白色高级外墙涂料　　　　乳白色高级外墙涂料　　　　蓝色屋面瓦

浅咖色高级外墙涂料

⑳～①轴立面图 1:150

乳白色高级外墙涂料　　乳白色高级外墙涂料　　蓝色屋面瓦

①～⑳轴立面图 1:150

浅咖色高级外墙涂料

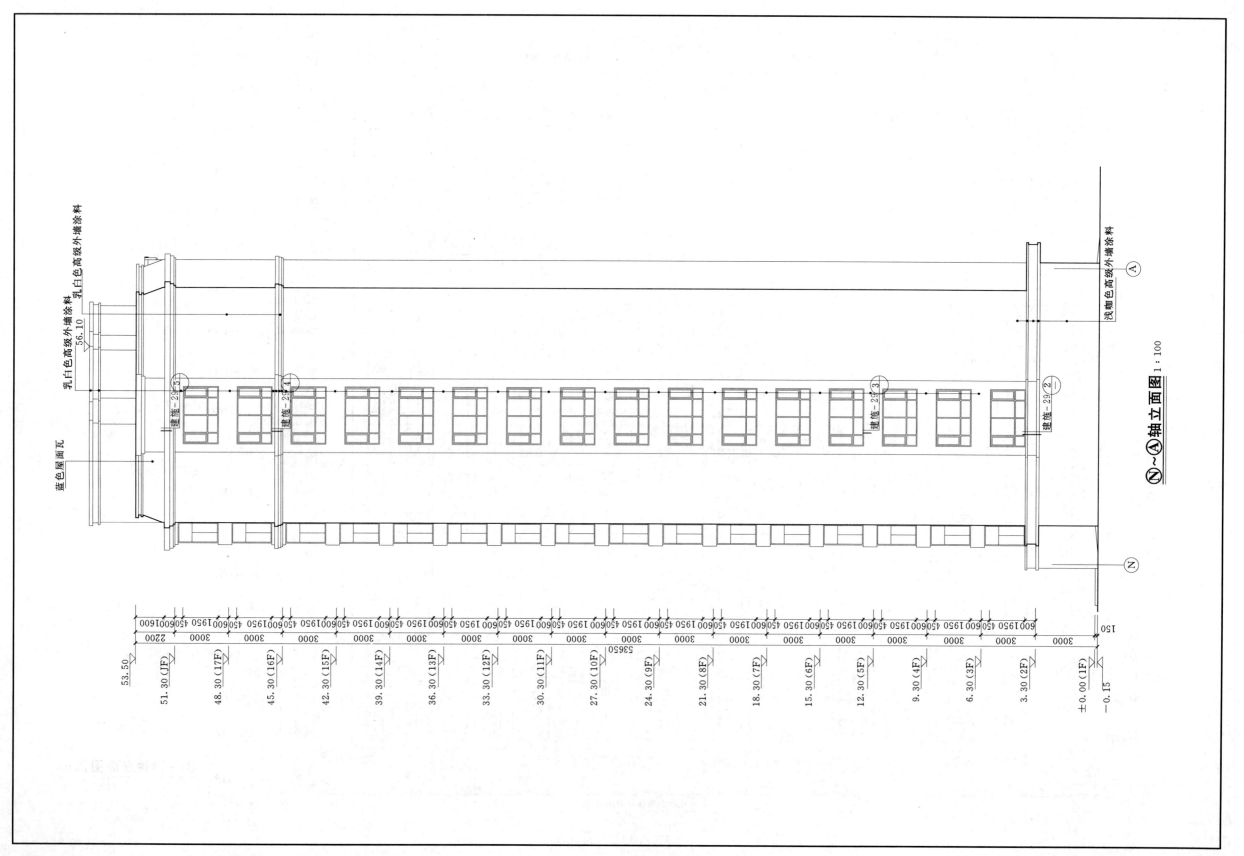

Ⓝ~Ⓐ轴立面图 1:100

88

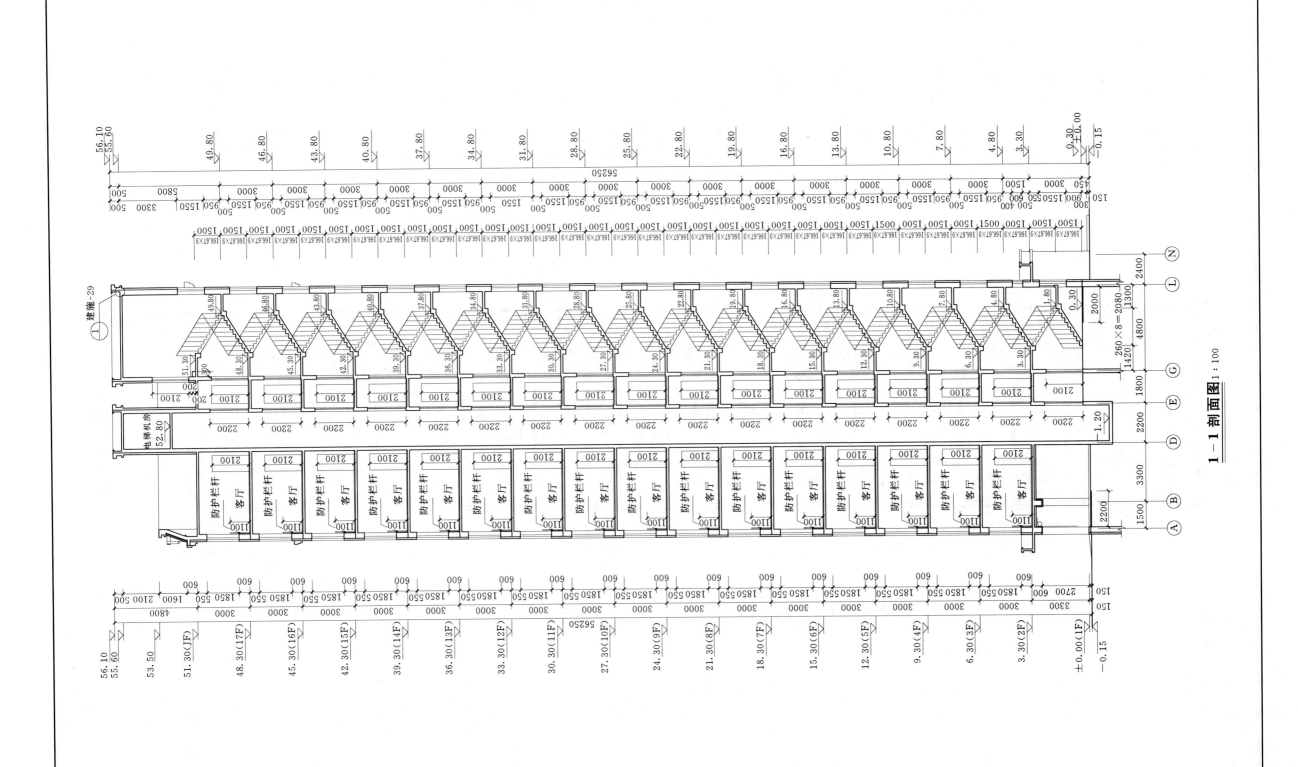

1—1 剖面图 1:100

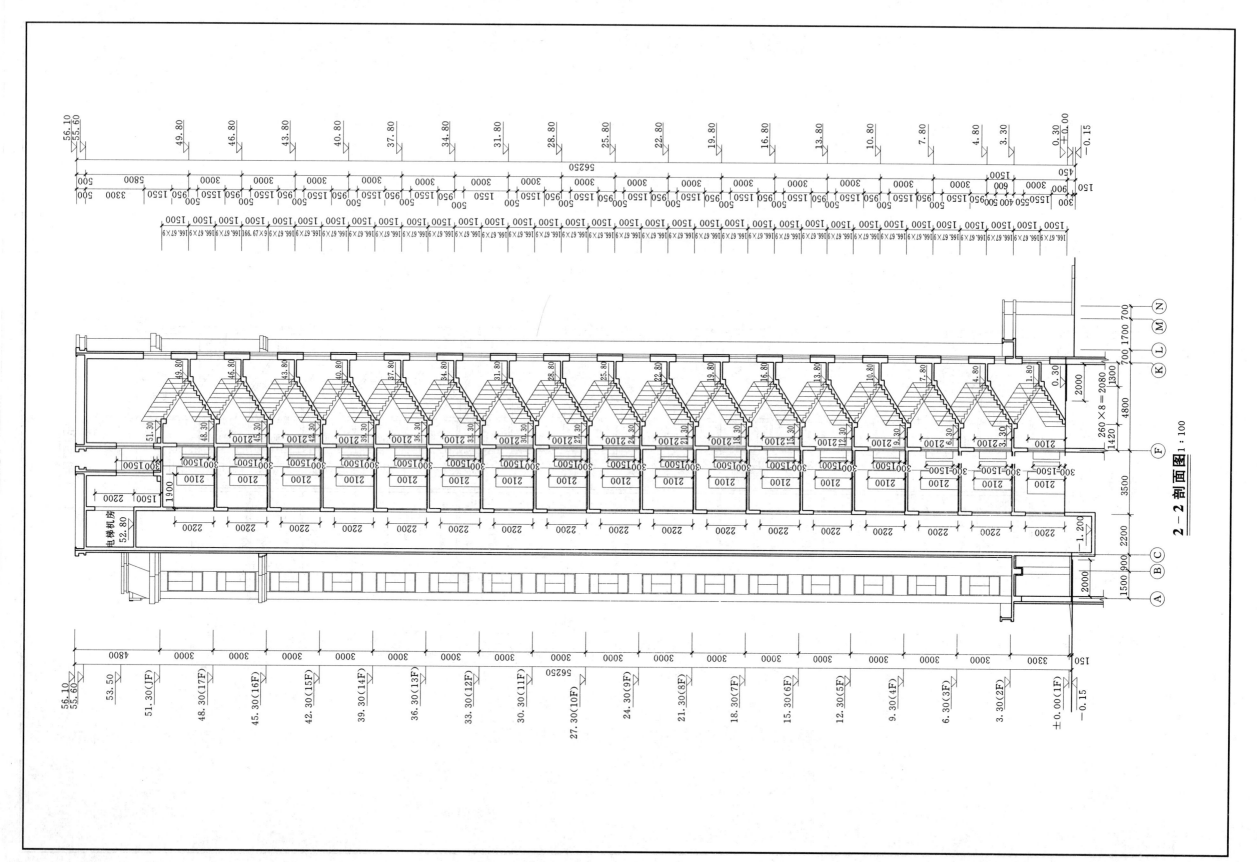

2—2剖面图 1:100

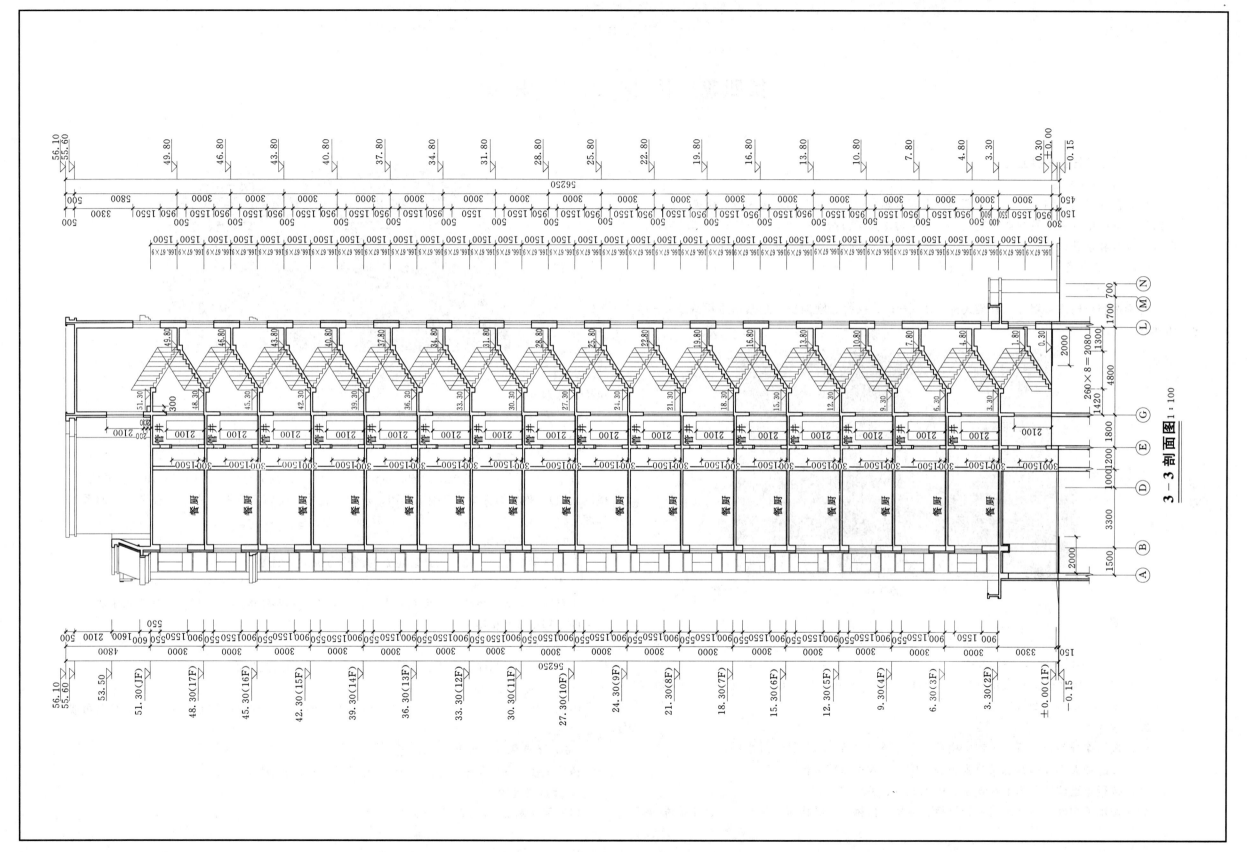

3 – 3 剖面图 1：100

第四篇 桥梁工程识图

一、桥梁工程识图基础知识

（一）桥梁的概念

架设在江、河、湖、海上，使车辆行人等能顺利通行的建筑物，称为桥。桥梁一般由上部结构、下部结构和附属构造物组成，上部结构主要指桥跨结构和支座系统；下部结构包括桥台、桥墩和基础；附属构造物则指桥头搭板、锥形护坡、护岸、导流工程等。

（二）桥梁分类

1. 结构分类

桥梁按照结构体系划分，有梁式桥（图4-1）、拱桥、刚架桥、悬索承重桥（图4-2）四种基本体系。

图4-1 梁式桥

2. 长度分类

（1）按多孔跨径总长分：特大桥（$L>1000$m）、大桥（100m$\leqslant L \leqslant 1000$m）、中桥（$30m<L<100$m）、小桥（$8m\leqslant L <30$m）。

（2）按单孔跨径分：特大桥（$L>150$m）、大桥（40m$\leqslant L \leqslant 150$m）、中桥（$20m<L<40$m）、小桥（$5m\leqslant L <20$m）。

3. 其他分类

（1）按用途分为公路桥、公铁两用桥、人行桥、舟桥、机耕桥、过水桥。

（2）按跨径大小和多跨总长分为小桥、中桥、大桥、特大桥。

（3）按行车道位置分为上承式桥、中承式桥、下承式桥。

（4）按承重构件受力情况可分为梁桥、板桥、拱桥、钢结构桥、吊桥、组合体系桥（斜

图4-2 悬索承重桥

拉桥、悬索桥）。

（5）按使用年限可分为永久性桥、半永久性桥、临时桥。

（6）按材料类型分为木桥、圬工桥、钢筋混凝土桥、预应力桥、钢桥。

（三）桥梁工程图的组成

桥梁工程图包括：桥位平面图、桥位地质断面图、桥梁总体布置图（立面图、平面图、横剖面图）、构件结构图（基础工程图、桥台工程图、桥墩工程图、主梁工程图、桥面系工程图）。

（四）桥位平面图

表示桥梁在整个线路中的地理位置的图称为桥位平面图。

1. 桥位的表示

用路线走向表示桥位；坐标系及指北针表示方位和路线的走向；桥位标注表示桥梁在线路上的里程位置和桥型。

2. 地物的表示

包括桥位处的道路、河流、水准点、地质钻孔及附近的地形地物情况等。

3. 其他要素的表示

绘图比例有1：500、1：1000、1：2000等，图纸序号和总张数在每张图纸的右上角或标题栏内。

（五）桥位地质断面图

桥位地质断面图用来表示桥梁所处河床断面的水文、地质情况。

1. 地质情况的表示

（1）河床断面（原始地形断面）。

（2）地质钻孔，表示地下岩层分布变化情况。

2. 水文情况的表示

包括最高水位线、最低水位线、设计水位线等。

3. 其他要素的表示

（1）绘图比例包括 1：500、1：1000、1：2000 等。

（2）图纸序号和总张数在每张图纸的右上角或标题栏内。

（六）桥梁总体布置图

桥梁总体布置图用来表示桥梁的结构形式、跨径、跨数、尺寸、各主要构件的相互位置关系、高程、主要材料用量及总技术说明和施工要点等。

1. 立面图的表示

采用全剖面图或半剖面图绘制。

上部结构：表示桥梁上部的结构形式、跨径设置、桥面高程、里程桩号等。

下部结构：表示桥梁下部的墩台及基础的结构形式、高程、深度及简要的河床断面水文地质情况。

2. 平面图的表示

采用分层掀开法绘制。从左至右按上下顺序分别表示桥面及防护、伸缩缝、支座、盖梁、立柱、承台、基础等的平面布置情况和基本尺寸。

3. 横剖面图的表示

采用全剖面图绘制。表示桥梁上部、下部结构及布置情况、桥梁宽度和高度方向的基本尺寸。

4. 其他要素的表示

（1）绘图比例，包括 1：500、1：1000、1：2000 等。

（2）图纸序号和总张数在每张图纸的右上角或标题栏内。

（七）构件结构图

明确各部分构件的结构形式，包括形状、大小和材料组成情况等。

1. 桥台工程图

（1）桥台一般构造图。包括立面图、平面图、侧面图。

立面图：采用剖切法，表示桥台形状、长度与高度方向的位置、尺寸和高程。

平面图：采用掀开法，表达桥台各部分相对位置、形状、长度与宽度方向尺寸。

侧面图：由台前图和台后图各取一半合并而成，表达桥台各部分相对位置、形状、长度与宽度方向尺寸。

（2）钢筋结构图。包括钢筋种类和样式、钢筋数量表。

2. 桥墩工程图

（1）桥墩一般构造图。包括立面图、平面图、侧面图。

立面图：采用剖切法，表示桥墩形状、长度与高度方向的位置、尺寸和高程。

平面图：采用掀开法，表达桥墩各部分相对位置、形状、长度与宽度方向尺寸。

侧面图：表达桥墩各部分相对位置、形状、长度与宽度方向尺寸。

（2）钢筋结构图。包括钢筋种类和样式、钢筋数量表。

3. 基础工程图

（1）基础一般构造图包括剖面图、平面图。

剖面图：采用剖切法，表示基础形状、长度与高度方向的位置、尺寸和高程。

平面图：采用掀开法，表达基础各部分相对位置、形状、长度与宽度方向尺寸。

（2）钢筋结构图。包括钢筋种类和样式、钢筋数量表。

4. 主梁工程图

（1）主梁一般构造图包括立面图、平面图、剖面图。

立面图：表示主梁形状、长度与高度方向的位置、尺寸。

平面图：表达主梁各部分相对位置、形状、长度与宽度方向尺寸。

剖面图：采用剖切法，表达主梁各部分相对位置、形状、长度与宽度方向尺寸。

（2）钢筋结构图。包括钢筋种类和样式（普通钢筋、预应力钢筋）、钢筋数量表。

5. 桥面系结构图

包括人行道、栏杆、支座、伸缩缝、桥面铺装层、其他。

（八）桥梁工程识图

1. 识图方法

（1）由桥梁总体布置图到构件结构图，由主要构件结构图到次要构件结构图，由大轮廓图到小构件图。

（2）读总体布置图时，以立面图为主，结合平面图和横断面图。

（3）读构件结构图时，先一般构造图，再钢筋结构图。

2. 步骤

（1）先看标题栏和附注。了解项目名称、相关单位、桥梁名称、类型、主要技术指标、施工说明、比例、尺寸单位等及各图纸分类。

（2）阅读总体布置图。弄清各投影图之间的关系。先看立面图，了解桥梁结构形式、孔数、跨径大小、墩台形式和数目、总长、总高、高程尺寸、里程桩号、河床断面、地质情况等。结合平面图、横断面图等，了解桥梁的宽度、人行道尺寸、主梁的断面形式。

（3）阅读各构件结构图。先看一般构造图，了解桥梁各部分结构的具体尺寸和大小。再将总体布置图和构件结构图结合起来，了解各构件的相互位置和装置尺寸。最后看钢筋结构图。

二、桥梁工程识图实训

1. 识读桥梁工程图实训

根据桥梁工程识图相关知识，识读桥梁工程图实例。

2. 深入全面识读（图形表达）

图中多处采用简化、省略画法。

3. 识图实训条件

（1）准备工作。资料全面，包括建筑工程制图标准、房屋知识材料、完整图纸、模型及相关图片等。

（2）实训场地。包括多媒体教学设备、绘图设备。

（3）实训考核。指导教师按课程教学纪律要求，结合学生表现和实训成果评定实训成绩。

4. 工程实例

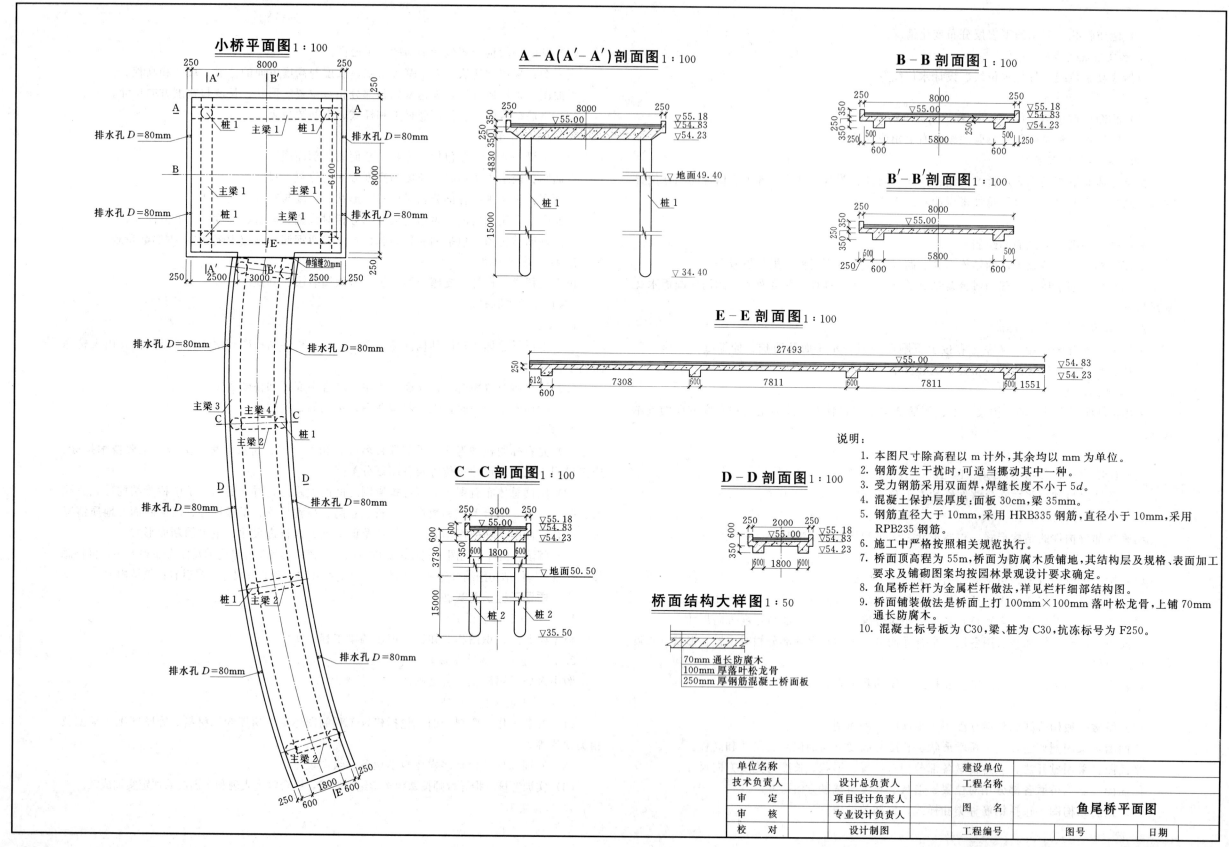

小桥平面图 1:100

排水孔 D=80mm

桩 1
主梁 1
桩 1
主梁 1
主梁 1
桩 1
主梁 1

伸缩缝20mm

主梁 3   主梁 4
主梁 2   桩 1

排水孔 D=80mm

桩 1   主梁 2

主梁 2

A-A(A'-A')剖面图 1:100

▽55.18
▽55.00
▽54.83
▽54.23
地面 49.40

桩 1   桩 1

▽ 34.40

B-B 剖面图 1:100

▽55.00   ▽55.18
▽54.83
▽54.23

B'-B' 剖面图 1:100

▽55.00

E-E 剖面图 1:100

27493   ▽55.00   ▽54.83
▽54.23

7308   7811   7811   1551

C-C 剖面图 1:100

3000   ▽55.00   ▽55.18
▽54.83
▽54.23
1800   地面 50.50

桩 2   桩 2
▽ 35.50

D-D 剖面图 1:100

2000   ▽55.18
▽54.83
▽54.23
1800

桥面结构大样图 1:50

70mm 通长防腐木
100mm 厚落叶松龙骨
250mm 厚钢筋混凝土桥面板

说明：
1. 本图尺寸除高程以 m 计外，其余均以 mm 为单位。
2. 钢筋发生干扰时，可适当挪动其中一种。
3. 受力钢筋采用双面焊，焊缝长度不小于 5d。
4. 混凝土保护层厚度：面板 30cm，梁 35mm。
5. 钢筋直径大于 10mm，采用 HRB335 钢筋，直径小于 10mm，采用 RPB235 钢筋。
6. 施工中严格按照相关规范执行。
7. 桥面顶高程为 55m，桥面为防腐木质铺地，其结构层及规格、表面加工要求及铺砌图案均按园林景观设计要求确定。
8. 鱼尾桥栏杆为金属栏杆做法，祥见栏杆细部结构图。
9. 桥面铺装做法是桥面上打 100mm×100mm 落叶松龙骨，上铺 70mm 通长防腐木。
10. 混凝土标号板为 C30，梁、桩为 C30，抗冻标号为 F250。

单位名称		建设单位	
技术负责人	设计总负责人	工程名称	
审　定	项目设计负责人	图　名	**鱼尾桥平面图**
审　核	专业设计负责人		
校　对	设计制图	工程编号	图号　日期

小板桥上层配筋图 1:100

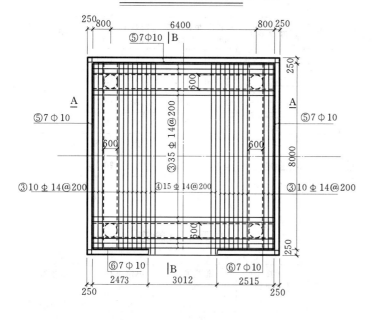

小桥板下层配筋图 1:100

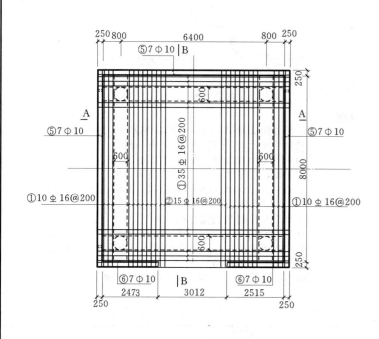

A－A 剖面配筋图 1:50

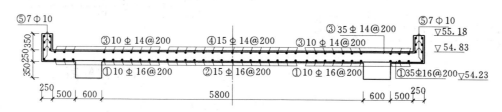

B－B 剖面配筋图 1:50

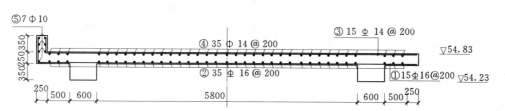

面板钢筋表

编号	尺寸及形状	直径/mm	单根长度/mm	根数/根	总长/m	备注
①	540 ⌐8430⌐ 540	Φ16	9510	10×2＋35	523.05	
②	540 ⌐8430	Φ16	8970	15	134.55	
③	340 ⌐8070⌐ 340	Φ14	8750	10×2＋35	481.25	
④	340 ⌐8250	Φ14	8590	15	128.85	
⑤	8430	Φ10	8430	7×3	177.03	
⑥	2670	Φ10	2670	7×2	37.38	

面板材料表

编号	直径/mm	总长度/m	单位重量/m	总重量/kg
①	Φ16	657.60	1.578	1037.69
②	Φ14	610.10	1.210	738.22
③	Φ10	214.41	0.617	132.29
合计	钢筋/kg			1908.20
	混凝土 C30/m³			20.64
钢筋若计入4%的损耗量,其总重应为1987.71kg。				

说明:

1. 本图尺寸除高程以 m 计外,其余均以 mm 为单位。
2. 钢筋发生干扰时,可适当挪动其中一种。
3. 受力钢筋采用双面焊,焊缝长度其不小于 5d。
4. 混凝土保护层厚度:面板 30cm,梁 35mm。
5. 钢筋直径大于 10mm,采用 HRB335 钢筋,直径小于 10mm,采用 RPB235 钢筋。
6. 施工中严格按照相关规范执行。
7. 混凝土标号为 C30 板为 C30,梁、桩为 C30,抗冻标号为 F250。

单位名称		建设单位		
技术负责人	设计总负责人	工程名称		
审 定	项目设计负责人	图 名	鱼尾桥板钢筋构造图	
审 核	专业设计负责人			
校 对	设计制图	工程编号	图号	日期

引桥板结构图 1:100

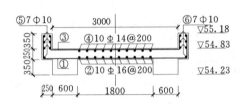

A－A 剖面配筋图 1:50

⑤7Φ10 3000 ⑥7Φ10 ▽55.18
④10Φ14@200 ▽54.83
① ②10Φ16@200 ▽54.23
250 600 1800 600

主梁1结构图 1:100

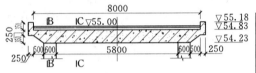

250 8000 ▽55.18 ▽54.83
IB IC ▽55.00 ▽54.23
500 600 5800 600 500 250

主梁1配筋图 1:100

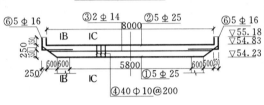

⑥5Φ16 ③2Φ14 ②5Φ25 ⑥5Φ16 ▽55.18
250 IB IC 8000 ▽54.83
500 600 5800 600 500 250 ▽54.23
IB IC ①5Φ25
④40Φ10@200

引桥板钢筋表

编号	尺寸及形状	直径/mm	单根长度/mm	根数/根	总长/m	备注
①	540 3430 540	Φ16	4510	137	617.87	
②	26866～27478 α	Φ16	26866～27478	10	271.72	α=26.2° δ=68
③	340 3070 340	Φ14	3750	137	513.75	
④	26866～27478 α	Φ14	26866～27478	10	271.72	α=26.2° δ=68
⑤	27778 α	Φ10	27778	7	194.45	α=26.2°
⑥	26635 α	Φ10	26635	7	186.45	α=26.6°

引桥板材料表

编号	直径/mm	总长度/m	单位重量/m	总重量/kg
①	Φ16	889.59	1.578	1403.77
②	Φ14	785.47	1.210	950.42
③	Φ10	380.90	0.617	235.02
合计	钢筋/kg			2589.21
	混凝土 C30/m³			30.97

钢筋若计入4%的损耗量,其总重应为2697.09kg。

主梁1钢筋表

编号	尺寸及形状	直径/mm	单根长度/mm	根数/根	总长/m	备注
①	145° 7030 145°	Φ25	8738	5	43.69	
②	340 8070 340	Φ25	8750	5	43.75	
③	7787	Φ14	7787	2	15.57	
④	530 530	Φ10	2320	40	92.80	
⑤	530	Φ10	690	20	13.80	
⑥	540 1470	Φ16	2010	5×2	20.10	

主梁1材料表

编号	直径/mm	总长度/m	单位重量/m	总重量/kg
①	Φ25	87.44	3.850	336.64
②	Φ16	20.10	1.578	31.72
③	Φ14	15.57	1.210	18.84
④	Φ10	106.60	0.617	65.77
单根合计	钢筋/kg			452.97
	混凝土 C30/m³			2.88
4根合计	钢筋/kg			1811.88
	混凝土 C30/m³			11.52

钢筋若计入4%的损耗量,其总重应为1887.38kg。

B－B 剖面配筋图 1:25

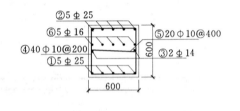

②5Φ25
⑥5Φ16 ⑤20Φ10@400 600
④40Φ10@200 ③2Φ14
①5Φ25
600

C－C 剖面配筋图 1:25

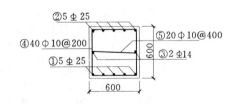

②5Φ25
⑤20Φ10@400 600
④40Φ10@200 ③2Φ14
①5Φ25
600

说明:
1. 本图尺寸除高程以 m 计外,其余均以 mm 为单位。
2. 钢筋发生干扰时,可适当挪动其中一种。
3. 受力钢筋采用双面焊,焊缝长度不小于 5d。
4. 混凝土保护层厚度:面板 30cm,梁 35mm。
5. 钢筋直径大于 10mm,采用 HRB335 钢筋,直径小于 10mm,采用 RPB235 钢筋。
6. 施工中严格按照相关规范执行。
7. 桥面顶高程为 55m,桥面为防腐木质铺地,其结构层及规格、表面加工要求及铺砌图案均按园林景观设计要求确定。
8. 栏杆见栏杆细部结构图。
9. 混凝土标号板为 C30,梁、桩为 C30,抗冻标号为 F250。

单位名称		建设单位	
技术负责人	设计总负责人	工程名称	
审 定	项目设计负责人	图 名	鱼尾桥引桥板钢筋构造图 鱼尾桥主梁1钢筋构造图
审 核	专业设计负责人		
校 对	设计制图	工程编号	图号 日期

主梁 2 结构图 1:50

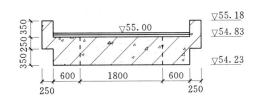

主梁 2 钢筋表

编号	尺寸及形状	直径/mm	单根长度/mm	根数/根	总长/m	备注
①	530 ⎿2930⏋ 530	Φ22	3990	5	19.95	
②	340 ⎿3070⏋ 340	Φ22	3750	5	18.75	
③	───2930───	Φ14	2930	2	5.86	
④	530 ▭ 530	Φ10	2320	16	37.12	
⑤	◡ 530	Φ10	690	8	5.52	
⑥	540 ⎿970	Φ16	1510	5×2	15.10	

主梁 2 配筋图 1:50

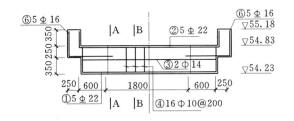

主梁 2 材料表

编号	直径/mm	总长度/m	单位重量/m	总重量/kg
①	Φ22	38.70	2.984	115.48
②	Φ16	15.10	1.578	23.83
③	Φ14	5.86	1.210	7.09
④	Φ10	42.64	0.617	26.31
单根合计	钢筋/kg		172.71	
	混凝土 C30/m³		1.08	
4 根合计	钢筋/kg		690.84	
	混凝土 C30/m³		4.32	
钢筋若计入 4% 的损耗量,其总重应为 719.63kg。				

A－A 剖面配筋图 1:25

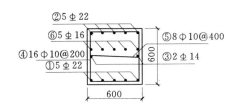

B－B 剖面配筋图 1:25

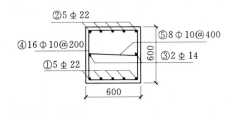

桩 1 配筋图 1:50

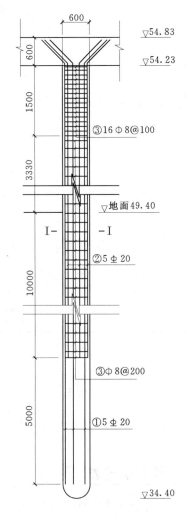

I－I 剖面配筋图 1:25

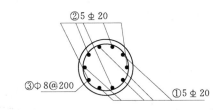

桩 2 钢筋表

编号	尺寸及形状	直径/mm	单根长度/mm	根数/根	总长/m	备注
①	707 135° 19880	Φ20	20587	5	102.94	
②	707 135° 14880	Φ20	15587	5	77.94	
③	25° ◯	Φ8	1850	83	153.55	

桩 2 材料表

编号	直径/mm	总长度/m	单位重量/m	总重量/kg
①	Φ20	180.88	2.466	446.05
②	Φ8	153.55	0.395	60.65
单根合计	钢筋/kg		506.70	
	混凝土 C30/m³		5.61	
12 根合计	钢筋/kg		6080.40	
	混凝土 C30/m³		67.28	
钢筋若计入 4% 的损耗量,其总重应为 6333.75kg。				

说明:
1. 本图尺寸除高程以 m 计外,其余均以 mm 为单位。
2. 桥墩横梁钢筋与桩基础钢筋发生干扰时,可适当挪动其中一种。
3. 桥墩横梁受力钢筋采用双面焊,焊缝长度不小于 5d。
4. 桥墩桩基础钢筋接头采用双面焊,焊缝长度不小于 5d。
5. 伸入横梁内钢筋除受构造限制外,应做成与竖直线成 15°角的喇叭形。
6. 桩基础施工中如发现地质条件与设计不符,请及时与设计单位联系,以便解决。
7. 混凝土标号板为 C30,梁、桩为 C30,抗冻标号为 F250。

单位名称		建设单位	
技术负责人	设计总负责人	工程名称	
审　定	项目设计负责人	图　名	**鱼尾桥主梁 2 钢筋构造图**
审　核	专业设计负责人		**鱼尾桥桩 1 钢筋构造图**
校　对	设计制图	工程编号	图号　　日期

主梁 3 结构图 1:50

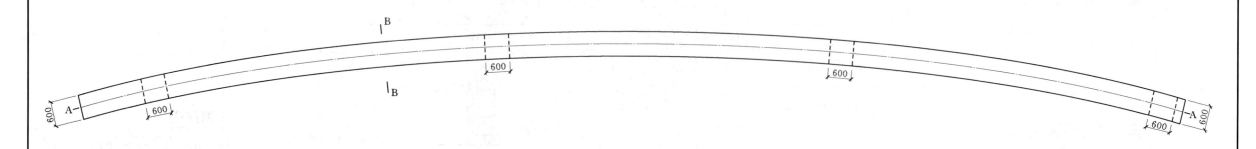

600 600 600 600 600 600

A－A 剖面配筋图 1:50

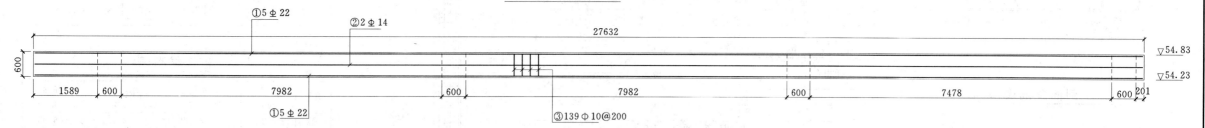

①5 ⊥ 22   ②2 ⊥ 14   27632

①5 ⊥ 22   ③139 Φ 10@200

▽54.83   ▽54.23

1589 600 7982 600 7982 600 7478 600 201

600

B－B 剖面配筋图 1:25

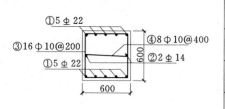

①5 ⊥ 22   ④8 Φ 10@400
③16 Φ 10@200
①5 ⊥ 22   ②2 ⊥ 14
600 600 600

主梁 3 钢筋表

编号	尺寸及形状	直径/mm	单根长度/mm	根数/根	总长/m	备注
①	27510～27754 ⟨α⟩	⊥ 22	27510～27754	5×2	276.32	α＝26.3° δ＝61
②	27510～27754 ⟨α⟩	⊥ 14	27510～27754	2	55.26	α＝26.3° δ＝244
③	530 [530]	Φ 10	2320	139	322.48	
④	⌒530	Φ 10	690	70	48.30	

主梁 3 材料表

编号	直径/mm	总长度/m	单位重量/m	总重量/kg
①	⊥ 22	276.32	2.984	824.54
②	⊥ 14	55.26	1.210	66.86
③	Φ 10	370.78	0.617	228.77
单根合计	钢筋/kg			1120.17
	混凝土 C30/m³			9.95
钢筋若计入 4%的损耗量,其总重应为 1166.84kg。				

说明:
1. 本图尺寸除高程以 m 计外,其余均以 mm 为单位。
2. 钢筋发生干扰时,可适当挪动其中一种。
3. 受力钢筋采用双面焊,焊缝长度不小于 5d。
4. 混凝土保护层厚度:面板 30cm,梁 35mm。
5. 钢筋直径大于 10mm,采用 HRB335 钢筋,直径小于 10mm,采用 RPB235 钢筋。
6. 施工中严格按照相关规范执行。
7. 混凝土标号板为 C30,梁、桩为 C30,抗冻标号为 F250。

单位名称		建设单位	
技术负责人	设计总负责人	工程名称	
审　定	项目设计负责人	图　名	**鱼尾桥主梁 3 钢筋构造图**
审　核	专业设计负责人		
校　对	设计制图	工程编号	图号 日期

主梁 4 结构图 1:50

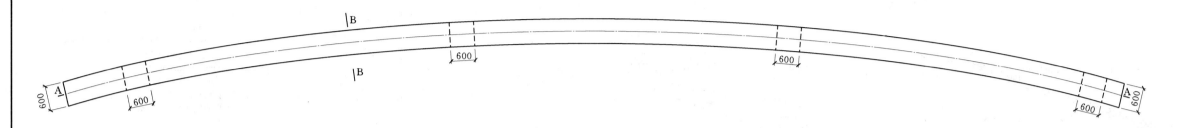

A—A 剖面配筋图 1:50

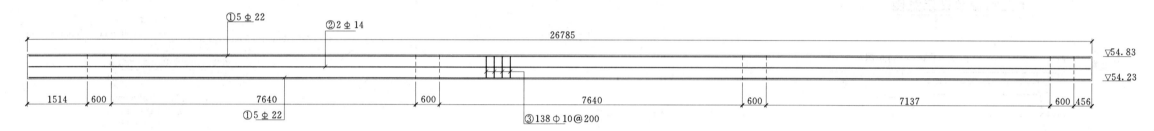

主梁 3 钢筋表

编号	尺寸及形状	直径/mm	单根长度/mm	根数/根	总长/m	备注
①	26662~26906 〔α〕	Φ22	26662~26906	5×2	267.84	α=26.5° δ=61
②	26662~26906 〔α〕	Φ14	26662~26906	2	53.57	α=26.5° δ=244
③	530 〔530〕	Φ10	2320	134	310.88	
④	530	Φ10	690	67	46.23	

主梁 3 材料表

编号	直径/mm	总长度/m	单位重量/m	总重量/kg
①	Φ22	267.84	2.984	799.23
②	Φ14	53.57	1.210	64.82
③	Φ10	357.11	0.617	220.34
单根合计	钢筋/kg			1084.39
	混凝土 C30/m³			9.64
钢筋若计入 4% 的损耗量,其总重应为 1129.57kg。				

B—B 剖面配筋图 1:25

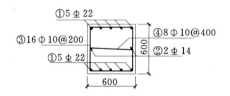

说明:
1. 本图尺寸除高程以 m 计外,其余均以 mm 为单位。
2. 钢筋发生干扰时,可适当挪动其中一种。
3. 受力钢筋采用双面焊,焊缝长度不小于 5d。
4. 混凝土保护层厚度:面板 30cm,梁 35 mm。
5. 钢筋直径大于 10mm,采用 HRB335 钢筋,直径小于 10mm,采用 RPB235 钢筋。
6. 施工中严格按照相关规范执行。
7. 混凝土标号板为 C30,梁、桩为 C30,抗冻标号为 F250。

单位名称			建设单位		
技术负责人		设计总负责人	工程名称		
审　定		项目设计负责人	图　名	鱼尾桥主梁 4 钢筋构造图	
审　核		专业设计负责人			
校　对		设计制图	工程编号	图号	日期

加筋土、台阶、排水孔、止水及公园游览路结构大样图

台阶标准横断面图 1:200

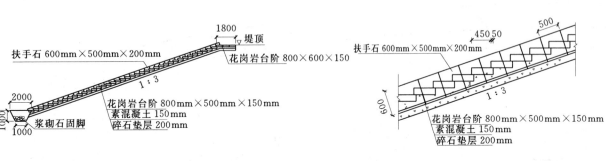

扶手石 600mm×500mm×200mm
堤顶
1800
花岗岩台阶 800×600×150
堤脚
2000
1000
浆砌石固脚
花岗岩台阶 800mm×500mm×150mm
素混凝土 150mm
碎石垫层 200mm

台阶大样图 1:50

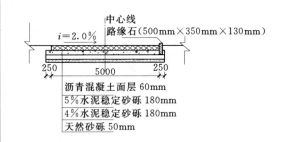

扶手石 600mm×500mm×200mm
450 50
500
600
1:3
花岗岩台阶 800mm×500mm×150mm
素混凝土 150mm
碎石垫层 200mm

台阶统计表

台阶序号	堤底高程/m	堤顶高程/m	台阶宽度/m	台阶步数	台阶个数
C2+050	50	55	20	36	1
C2+300	52	56	20	29	1
C2+800	61	56	20	36	1
C3+000	50	56.5	20	46	1
C3+200	50	57	20	49	1
C3+400	50	57	20	49	1
C3+600	50	57	20	49	1
C3+800	50	56	20	42	1
C4+000	50	56	20	42	1

沥青路面大样图(1+800桩号前) 1:100

中心线
i=2.0%
路缘石(500mm×350mm×130mm)
250 5000 250
沥青混凝土面层 60mm
5%水泥稳定砂砾 180mm
4%水泥稳定砂砾 180mm
天然砂砾 50mm

土工格栅敷设示意图 1:200

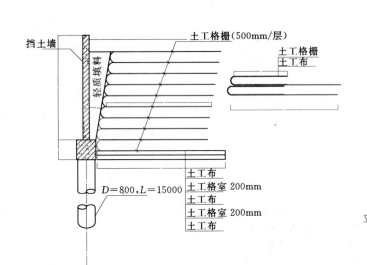

挡土墙
轻质填料
土工格栅(500mm/层)
土工格栅
土工布
土工布
土工格室 200mm
土工布
土工格室 200mm
土工布
D=800, L=15000

挡土墙排水孔滤层大样图 1:20

透水无纺布
砂厚 150mm, 粒径 0.5~2mm
碎石厚 150mm, 粒径 20~100mm

护坡大样图 1:50

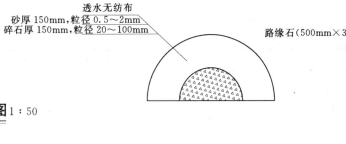

浆砌石 500
400
1:3
预制混凝土板 150mm
砂砾石垫层 100mm
土工膜一层 400g/m²
▽50.00
2000
1000
浆砌石
1000

沥青路面大样图(2+500桩号后) 1:100

中心线
路缘石(500mm×350mm×130mm)
路缘石(500mm×350mm×130mm)
i=2.0% i=2.0%
250 5000 250
沥青混凝土面层 60mm
5%水泥稳定砂砾 180mm
4%水泥稳定砂砾 180mm
天然砂砾 50mm

甲节点台阶横断面图 1:80

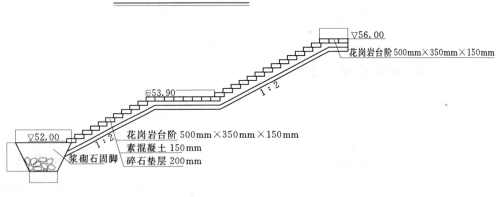

▽56.00
花岗岩台阶 500mm×350mm×150mm
▽53.90
1:2
▽52.00
1:2
花岗岩台阶 500mm×350mm×150mm
素混凝土 150mm
浆砌石固脚
碎石垫层 200mm
浆砌石

说明:

1. 本图尺寸除高程以 m 计外,其余均以 mm 计。
2. 地面层树根、杂草、杂物等全部清除,然后进行下一步施工。
3. 台阶下的混凝土垫层最小厚度为 15cm,号号为 C15,每 10m 设一道沉陷缝。
4. 排水孔高程位于地面或桥面高程以上 20cm。
5. 排水孔沿挡土墙间距 3m 布置。
6. 碎石垫层粒径为 2~4cm,花岗岩台阶要严格按照图纸加工,台阶石表面要达到平整光滑,不许有明显的凹凸不平。
7. 台阶料石要求错缝砌筑,勾缝宽度 10~20mm。
8. 每 始阶宽 20m,位置见平面图。
9. 桩基础挡土墙后加筋土的施工要求见设计说明。

橡胶止水大样图 1:4

说明:垂直止水最高点高程 53.00m。

单位名称		建设单位	
技术负责人	设计总负责人	工程名称	
审　定	项目设计负责人	图　名	台阶、排水孔、止水及道路大样图
审　核	专业设计负责人		
校　对	设计制图	工程编号	图号	日期

第五篇 道路工程识图

一、道路工程识图基础知识

（一）道路的概念

道路通常是指为陆地交通运输服务，通行各种机动车、人畜力车、驮骑牲畜及行人的各种路的统称。道路按使用性质分为城市道路、公路、厂矿道路、农村道路、林区道路等。城市高速干道和高速公路则是交通出入受到控制的、高速行驶的汽车专用道路。

（二）道路的分类

中国道路按服务范围及其在国家道路网中所处的地位和作用分为：

（1）国道（全国性公路），包括高速公路（图5-1）和主要干线（图5-2）。

（2）省道（区域性公路）。

（3）县、乡道（地方性公路）。

（4）城市道路。

图5-1 高速公路

前三种统称公路，按年平均昼夜汽车交通量及使用任务、性质，又可划分为五个技术等级。不同等级的公路用不同的技术指标体现。这些指标主要有计算车速、行车道数及宽度、路基宽度、最小平曲线半径、最大纵坡、视距、路面等级、桥涵设计荷载等。

（三）道路路线图的组成

道路路线图包括平面图、立面图、剖面图。

（1）路线平面图——道路路线在水平面上的投影。

（2）路线纵断面图——道路路线的纵向剖切面。

（3）路线横断面图——垂直于道路路线的横剖切面。

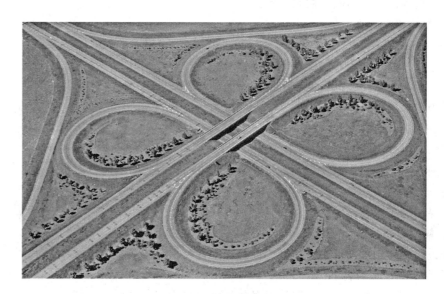

图5-2 主要干线

（四）路线平面图

1. 道路路线的表示

（1）路线。沿路线中心以一条粗实线表示。

（2）坐标网及指北针。表示方位和路线的走向。

（3）绘图比例。丘陵和平原比例尺为1：5000；山区比例尺为1：2000。

（4）图纸序号和总张数表示方位和路线的走向在每张图纸的右上角。

2. 地物的表示

地物包括路线经过的村镇、水域、工程设施、农林作物等。

3. 资料表的表示

用表格表示曲线要素。

4. 路线平面图的内容

（1）地形。用等高线表示地形的起伏。等高线越密，地势越陡；等高线越稀，地势越平坦。每隔四条等高线画一条较粗的等高线（计曲线），标注高程。每两条等高线的高差为整数。

（2）地物。用图例表示沿线的桥梁、房屋、农田、河流等。

（3）路线的走向。用平面线形（一条粗实线）表示。

（4）里程桩号。用〇从路线起点到终点沿路线的前进方向的左侧标出路线的公里桩。用从路线起点到终点沿路线的前进方向的右侧标出路线的百米桩。

表示路线每一段的长度和路线总长。

（5）水准点。用编号"BM"表示。作为附近路线上测定路线中心桩的高差之用。

（6）平曲线要素。用编号"JD"表示。包括交点编号、交点位置、偏角、圆曲线半径、缓和曲线长度、切线长度、曲线总长度、外距等。

（7）资料表。用表格表示曲线要素。

（五）路线纵断面图

1. 道路路线的表示

（1）路线。沿路线中心以一条粗实线表示。

（2）坐标。表示路线的长度和主要地物的高程。

（3）绘图比例。

1）水平方向：丘陵和平原1：5000，山区1：2000。

2）竖直方向：为水平方向的10倍。

（4）图纸序号和总张数。表示方位和路线的走向在每张图纸的右上角。

2. 地物的表示

路线穿越的工程设施等。

3. 资料表的表示

列表说明沿线的地质情况、坡度、高程、里程及相应的平曲线等内容。

4. 路线纵断面图的内容

（1）地面线。用细实线表示路线经过的地面的起伏（高差）。

（2）设计路线。用粗实线表示路线的纵断面线形。将地面线与设计路线相对比，得到路线的填挖地段和填挖高度。

（3）竖曲线要素。用竖曲线符号表示。有凸形曲线和凹形曲线。左右两端垂线表示竖曲线的起点和终点位置。中间垂线表示交点（变坡点）的位置，应对准相应的里程桩。左侧数字为交点高程。其余参数与平曲线类似。

（4）水准点。用编号"BM"表示。应以其邻近的里程桩为依据，标出其位置和高程。

（5）人工构造物（工程设施）。用符号和数据表示线路穿越的桥涵、立体交叉和通道等设施。

（6）资料表。用表格表示地质、平曲线示意图等。便于与竖曲线对照。

（六）路基横断面图

1. 路基横断面的表示

（1）路基横断面设计线。以粗实线表示。

（2）路基横断面原始地面线。以细实线表示。

（3）绘图比例。比例为1：50～1：200。

（4）图纸序号和总张数。表示方位和路线的走向在每张图纸的右上角、标题栏。

2. 横断面的基本形式

横断面的基本形式有三种：填方路基（路堤）、挖方路基（路堑）、半填半挖路基。

3. 路基横断面图的内容

（1）地面线。用细实线表示路基原始地面的起伏（高差）。

（2）设计线。用粗实线表示路基的横断面线形。将地面线与设计线相对比，得到路线的填挖面积和填挖高度。

（3）该断面的里程桩号。

（4）坡度。

（5）边沟、截水沟等设施。

（七）道路工程识图

1. 识图方法

（1）由路线平面图到路线纵断面图，再到路基横断面图。

（2）以路线平面图为主，结合路线纵断面图和路基横断面图。

2. 步骤

（1）先看标题栏和附注。了解项目名称、相关单位、路线名称、主要技术指标、施工说明、比例、尺寸单位等。

（2）图纸分类。

（3）阅读路线平面图。

（4）阅读路线纵断面图。

（5）阅读路基横断面图。

二、道路工程识图实训

1. 识读道路工程图实例

根据道路工程识图相关知识，识读道路工程图实例。

2. 深入全面识读（图形表达）

图中多处采用简化、省略画法。

3. 识图实训条件

（1）准备工作。资料全面，包括道路工程制图标准、道路知识材料、完整图纸、模型及相关图片等。

（2）实训场地。包括多媒体教学设备、绘图设备。

（3）实训考核。指导教师按课程教学纪律要求，结合学生表现和实训成果评定实训成绩。

4. 工程实例

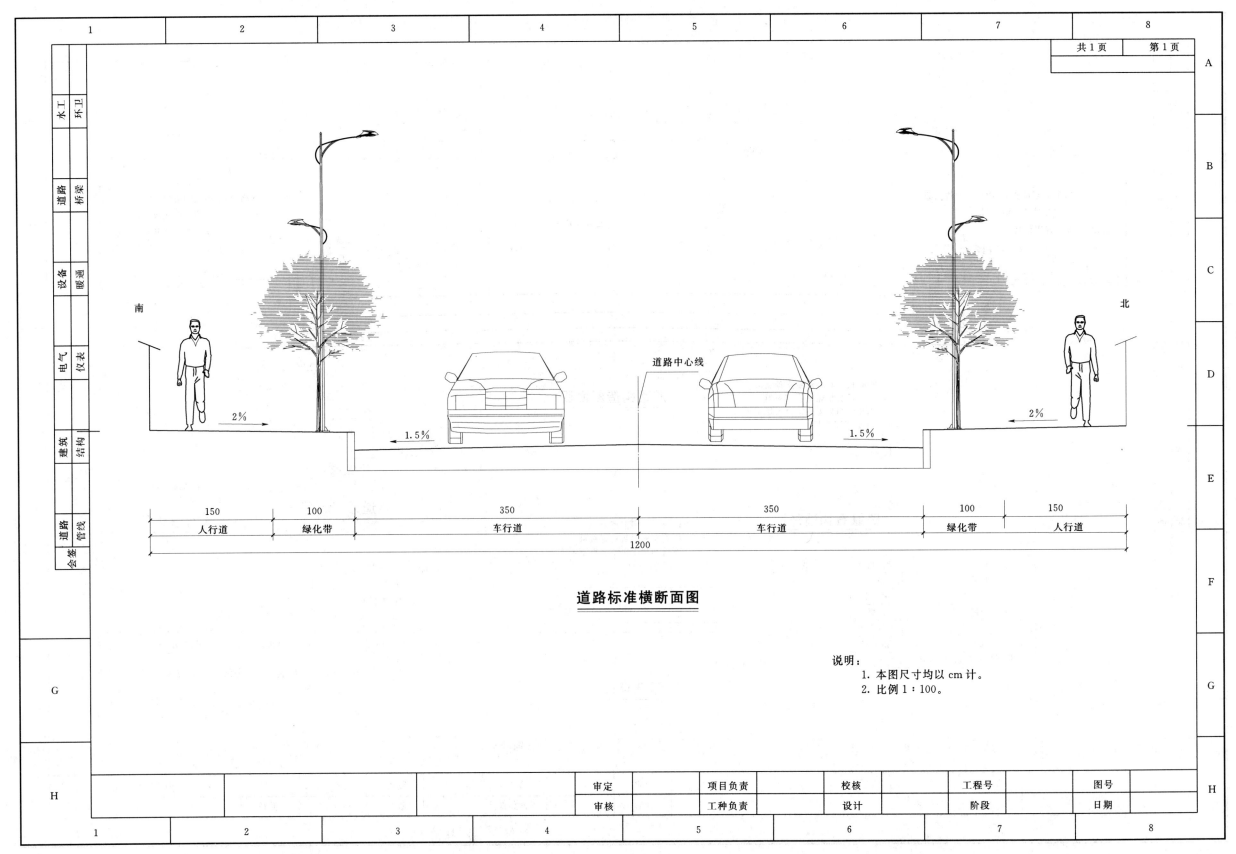

水工	环卫				

南

北

道路中心线

2%　　　1.5%　　　1.5%　　　2%

150	100	350	350	100	150
人行道	绿化带	车行道	车行道	绿化带	人行道

1200

道路标准横断面图

说明：
1. 本图尺寸均以 cm 计。
2. 比例 1：100。

审定		项目负责		校核		工程号		图号	
审核		工种负责		设计		阶段		日期	

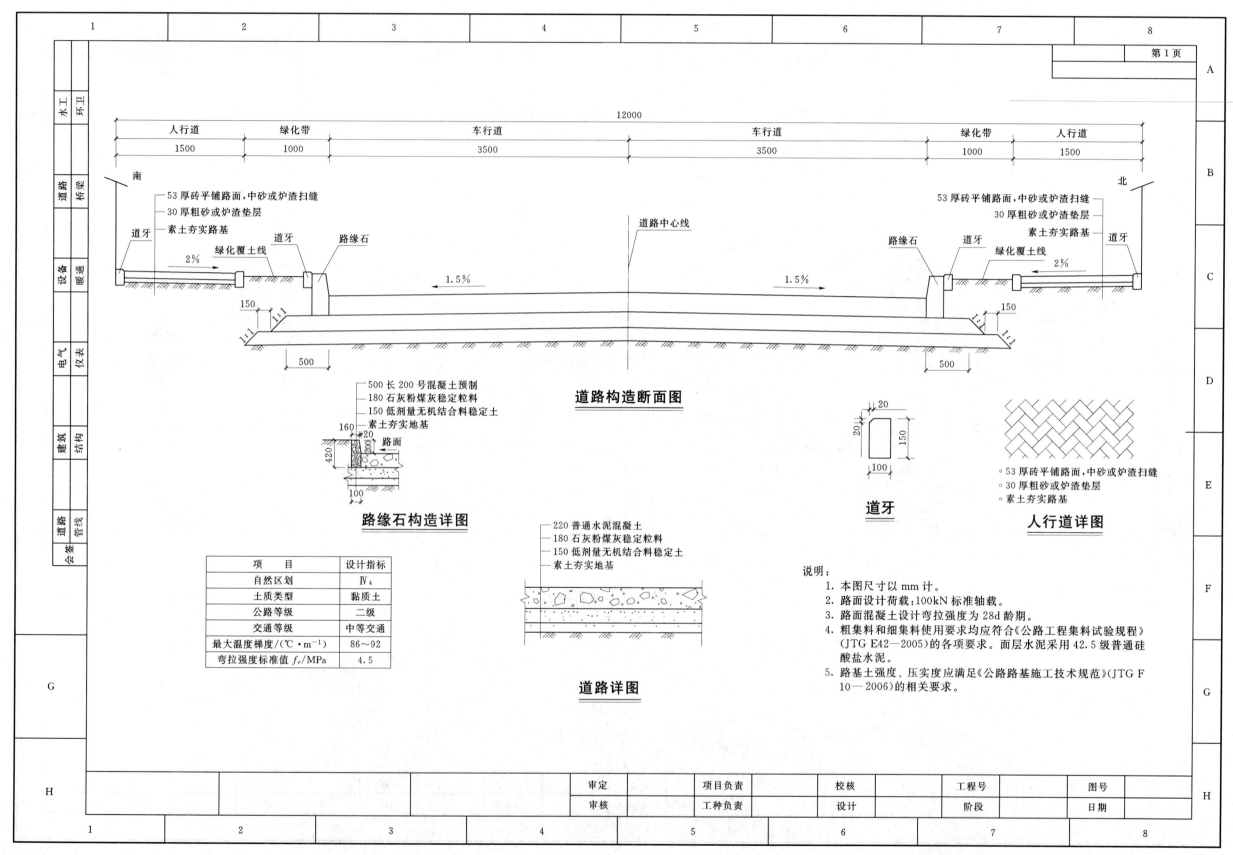

12000

人行道	绿化带	车行道	车行道	绿化带	人行道
1500	1000	3500	3500	1000	1500

南

53 厚砖平铺路面,中砂或炉渣扫缝
30 厚粗砂或炉渣垫层
素土夯实路基

道牙

2%

绿化覆土线

道牙　路缘石

道路中心线

北

53 厚砖平铺路面,中砂或炉渣扫缝
30 厚粗砂或炉渣垫层
素土夯实路基

道牙

路缘石　道牙

绿化覆土线

2%

1.5%

1.5%

150

150

1:1

1:1

1:1

1:1

500

500

道路构造断面图

500 长 200 号混凝土预制
180 石灰粉煤灰稳定粒料
150 低剂量无机结合料稳定土
素土夯实地基

160
20
200

路面

420
100

路缘石构造详图

20
20
150
100

道牙

53 厚砖平铺路面,中砂或炉渣扫缝
30 厚粗砂或炉渣垫层
素土夯实路基

人行道详图

220 普通水泥混凝土
180 石灰粉煤灰稳定粒料
150 低剂量无机结合料稳定土
素土夯实地基

道路详图

项　目	设计指标
自然区划	IV_4
土质类型	黏质土
公路等级	二级
交通等级	中等交通
最大温度梯度/(℃·m^{-1})	86~92
弯拉强度标准值 f_r/MPa	4.5

说明:
1. 本图尺寸以 mm 计。
2. 路面设计荷载:100kN 标准轴载。
3. 路面混凝土设计弯拉强度为 28d 龄期。
4. 粗集料和细集料使用要求均应符合《公路工程集料试验规程》(JTG E42—2005)的各项要求。面层水泥采用 42.5 级普通硅酸盐水泥。
5. 路基土强度、压实度应满足《公路路基施工技术规范》(JTG F10—2006)的相关要求。

审定		项目负责		校核		工程号		图号	
审核		工种负责		设计		阶段		日期	

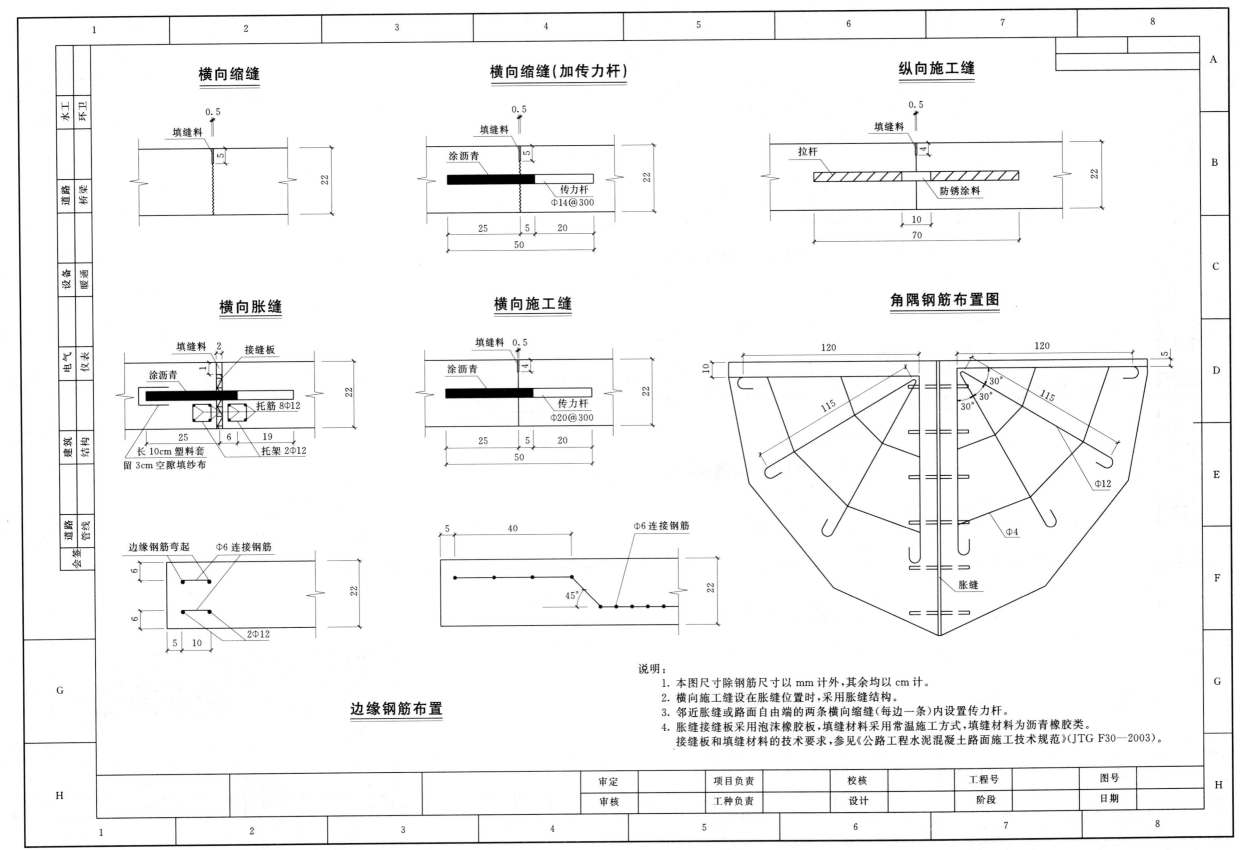

横向缩缝

横向缩缝(加传力杆)

纵向施工缝

横向胀缝

横向施工缝

角隅钢筋布置图

边缘钢筋布置

说明：

1. 本图尺寸除钢筋尺寸以 mm 计外，其余均以 cm 计。
2. 横向施工缝设在胀缝位置时，采用胀缝结构。
3. 邻近胀缝或路面自由端的两条横向缩缝(每边一条)内设置传力杆。
4. 胀缝接缝板采用泡沫橡胶板，填缝材料采用常温施工方式，填缝材料为沥青橡胶类。
   接缝板和填缝材料的技术要求，参见《公路工程水泥混凝土路面施工技术规范》(JTG F30—2003)。

审定		项目负责		校核		工程号		图号	
审核		工种负责		设计		阶段		日期	

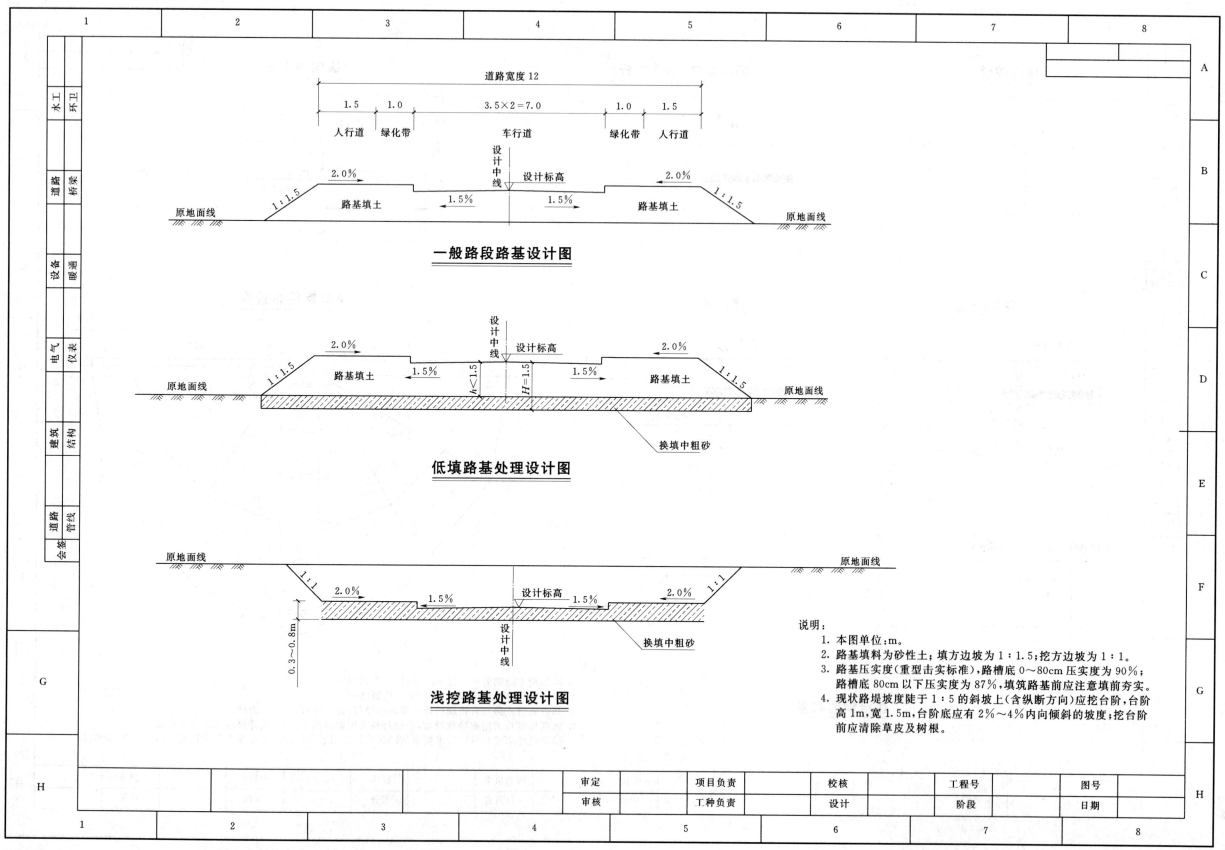

道路宽度12

| 1.5 | 1.0 | 3.5×2=7.0 | 1.0 | 1.5 |

人行道　绿化带　　　　　车行道　　　　绿化带　人行道

2.0%　　　　　　　　　设计中线　设计标高　　　　　2.0%

1:1.5　　路基填土　　1.5%　　　1.5%　　路基填土　　1:1.5

原地面线　　　　　　　　　　　　　　　　　　　　　　　原地面线

一般路段路基设计图

设计中线　设计标高

2.0%　　　　　　　　　　　　　　　　　　2.0%

1:1.5　　路基填土　　1.5%　h<1.5　H=1.5　1.5%　路基填土　　1:1.5

原地面线　　　　　　　　　　　　　　　　　　　　　　原地面线

换填中粗砂

低填路基处理设计图

原地面线　　　　　　　　　　　　　　　　　　　　原地面线

1:1　2.0%　　1.5%　设计标高　1.5%　　2.0%　1:1

0.3~0.8m

设计中线

换填中粗砂

浅挖路基处理设计图

说明：
1. 本图单位：m。
2. 路基填料为砂性土；填方边坡为1:1.5；挖方边坡为1:1。
3. 路基压实度（重型击实标准），路槽底0~80cm压实度为90%；路槽底80cm以下压实度为87%，填筑路基前应注意填前夯实。
4. 现状路堤坡度陡于1:5的斜坡上（含纵断方向）应挖台阶，台阶高1m，宽1.5m，台阶底应有2%~4%内向倾斜的坡度；挖台阶前应清除草皮及树根。

水工	环卫
道路	桥梁
设备	暖通
电气	仪表
建筑	结构
道路	管线
会签	

| 审定 | | 项目负责 | | 校核 | | 工程号 | | 图号 | |
| 审核 | | 工种负责 | | 设计 | | 阶段 | | 日期 | |

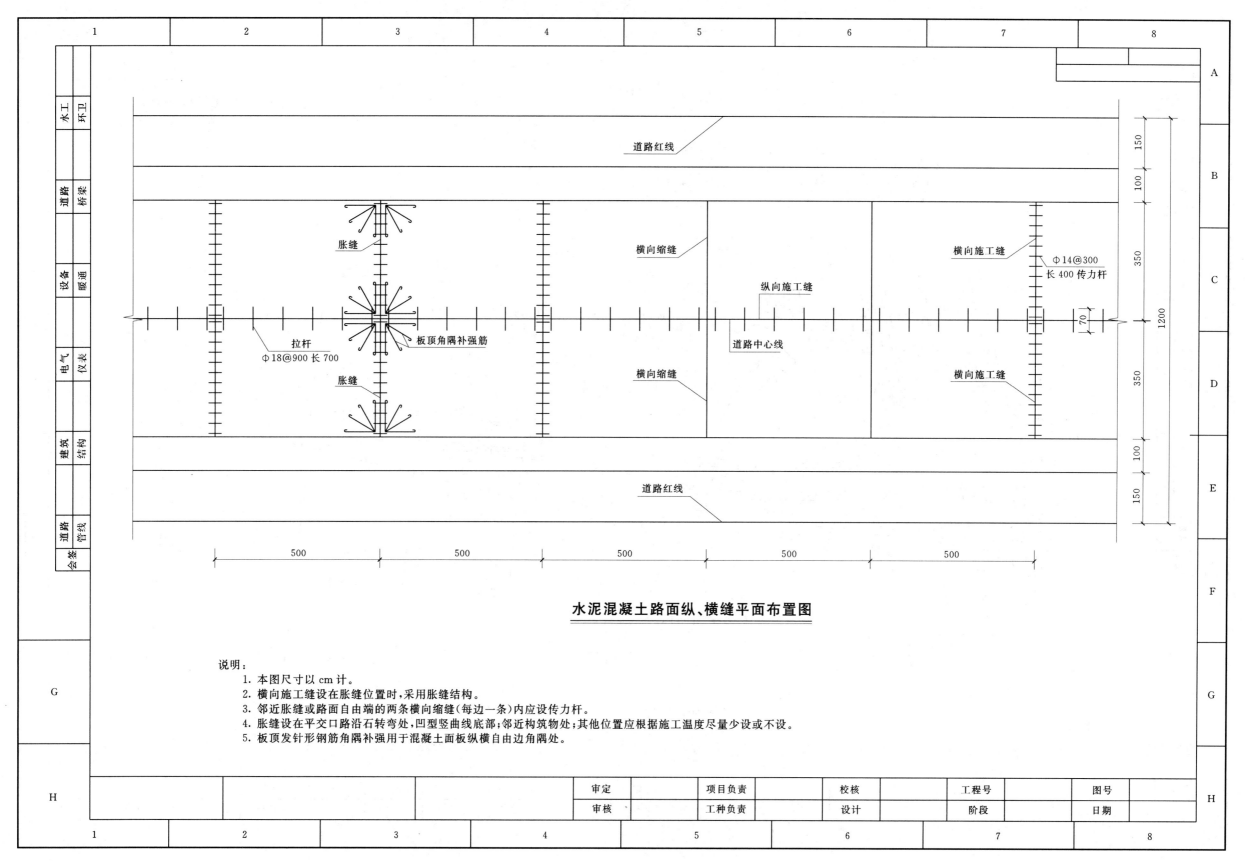

水工
环卫

道路
桥梁

设备
暖通

电气
仪表

建筑
结构

道路
管线

会签

水泥混凝土路面纵、横缝平面布置图

说明：
本图尺寸以 cm 计。

1. 本图尺寸以 cm 计。
2. 横向施工缝设在胀缝位置时，采用胀缝结构。
3. 邻近胀缝或路面自由端的两条横向缩缝（每边一条）内应设传力杆。
4. 胀缝设在平交口路沿石转弯处，凹型竖曲线底部；邻近构筑物处；其他位置应根据施工温度尽量少设或不设。
5. 板顶发针形钢筋角隅补强用于混凝土面板纵横自由边角隅处。

| 审定 | | 项目负责 | | 校核 | | 工程号 | | 图号 | |
| 审核 | | 工种负责 | | 设计 | | 阶段 | | 日期 | |

107

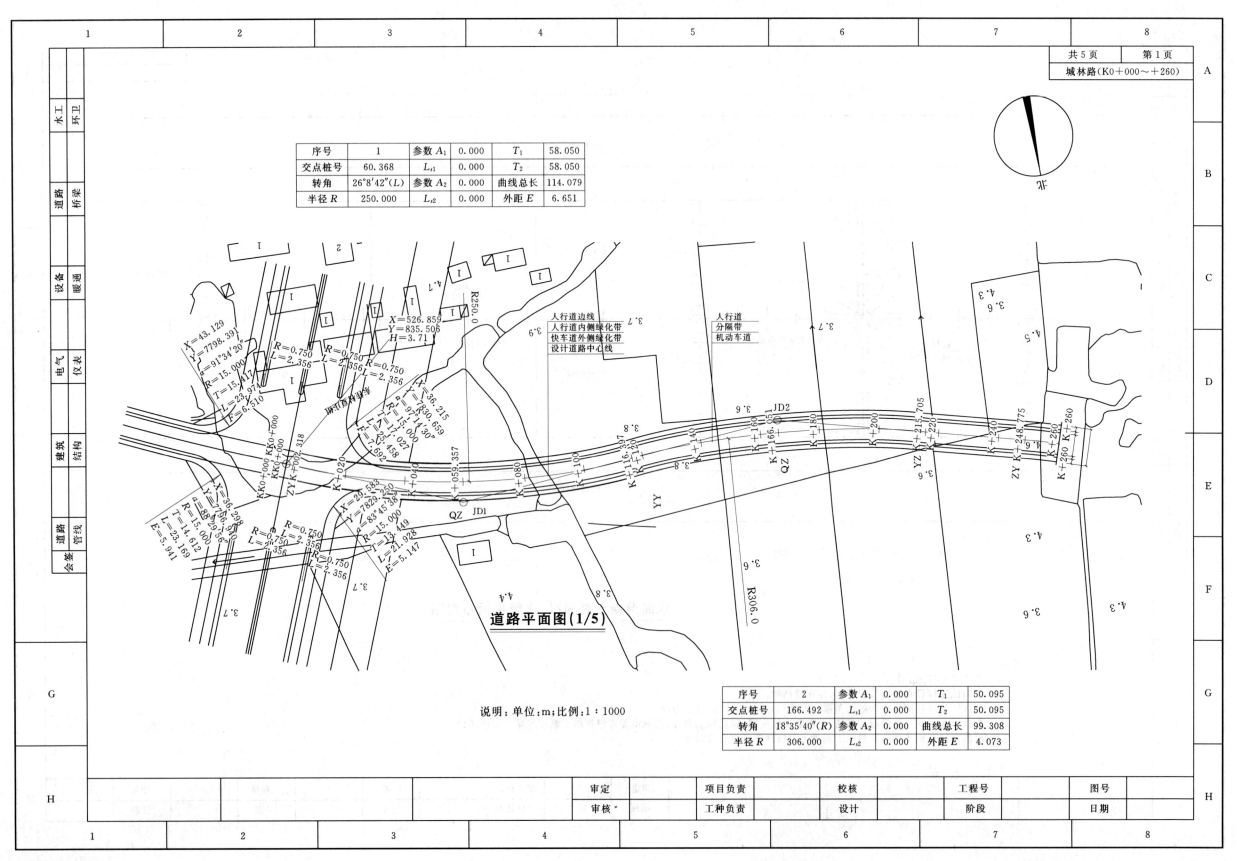

道路平面图（1/5）

说明：单位：m；比例：1：1000

序号	1	参数 A_1	0.000	T_1	58.050
交点桩号	60.368	L_{s1}	0.000	T_2	58.050
转角	26°8′42″(L)	参数 A_2	0.000	曲线总长	114.079
半径 R	250.000	L_{s2}	0.000	外距 E	6.651

序号	2	参数 A_1	0.000	T_1	50.095
交点桩号	166.492	L_{s1}	0.000	T_2	50.095
转角	18°35′40″(R)	参数 A_2	0.000	曲线总长	99.308
半径 R	306.000	L_{s2}	0.000	外距 E	4.073

审定		项目负责		校核		工程号		图号	
审核		工种负责		设计		阶段		日期	

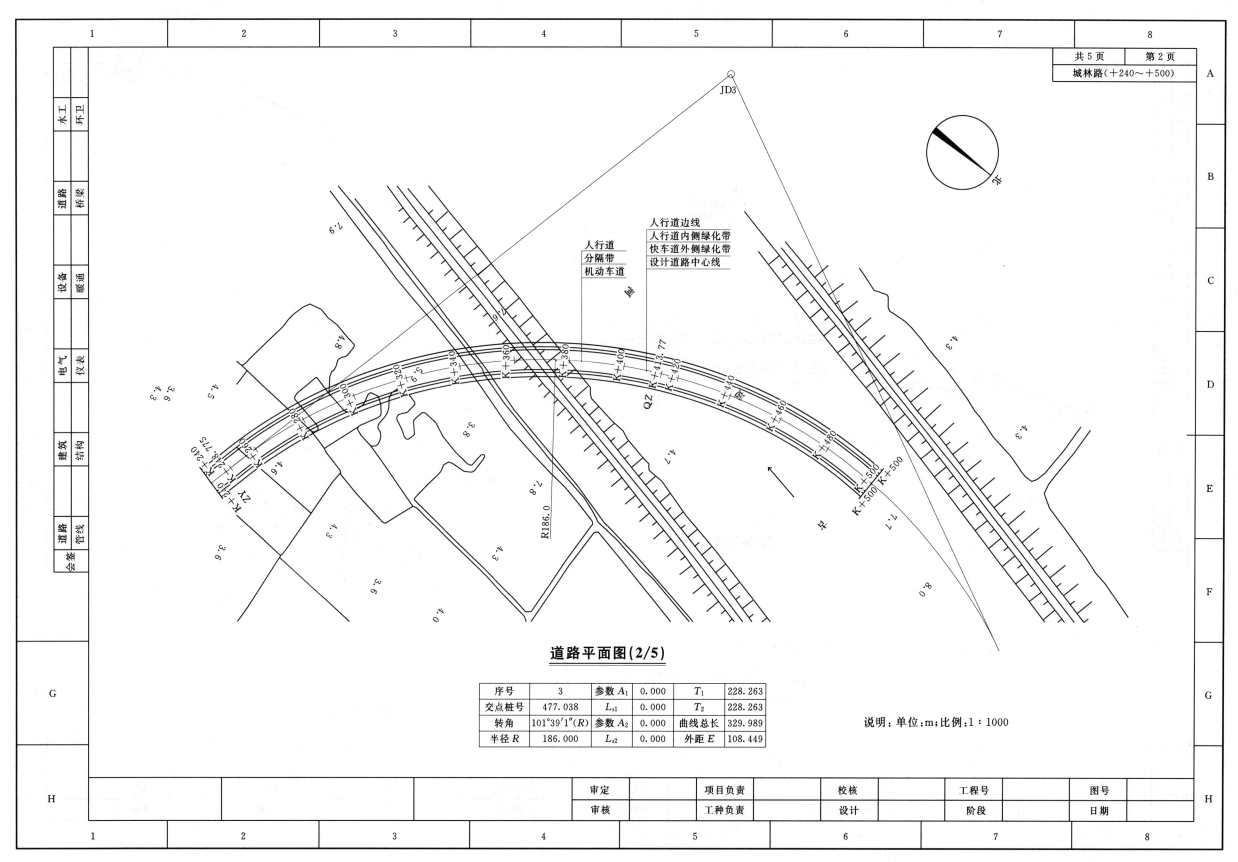

人行道边线
人行道内侧绿化带
快车道外侧绿化带
设计道路中心线

人行道
分隔带
机动车道

JD3

道路平面图(2/5)

序号	3	参数 A_1	0.000	T_1	228.263
交点桩号	477.038	L_{s1}	0.000	T_2	228.263
转角	101°39′1″(R)	参数 A_2	0.000	曲线总长	329.989
半径 R	186.000	L_{s2}	0.000	外距 E	108.449

说明：单位：m；比例：1：1000

审定		项目负责		校核		工程号		图号	
审核		工种负责		设计		阶段		日期	

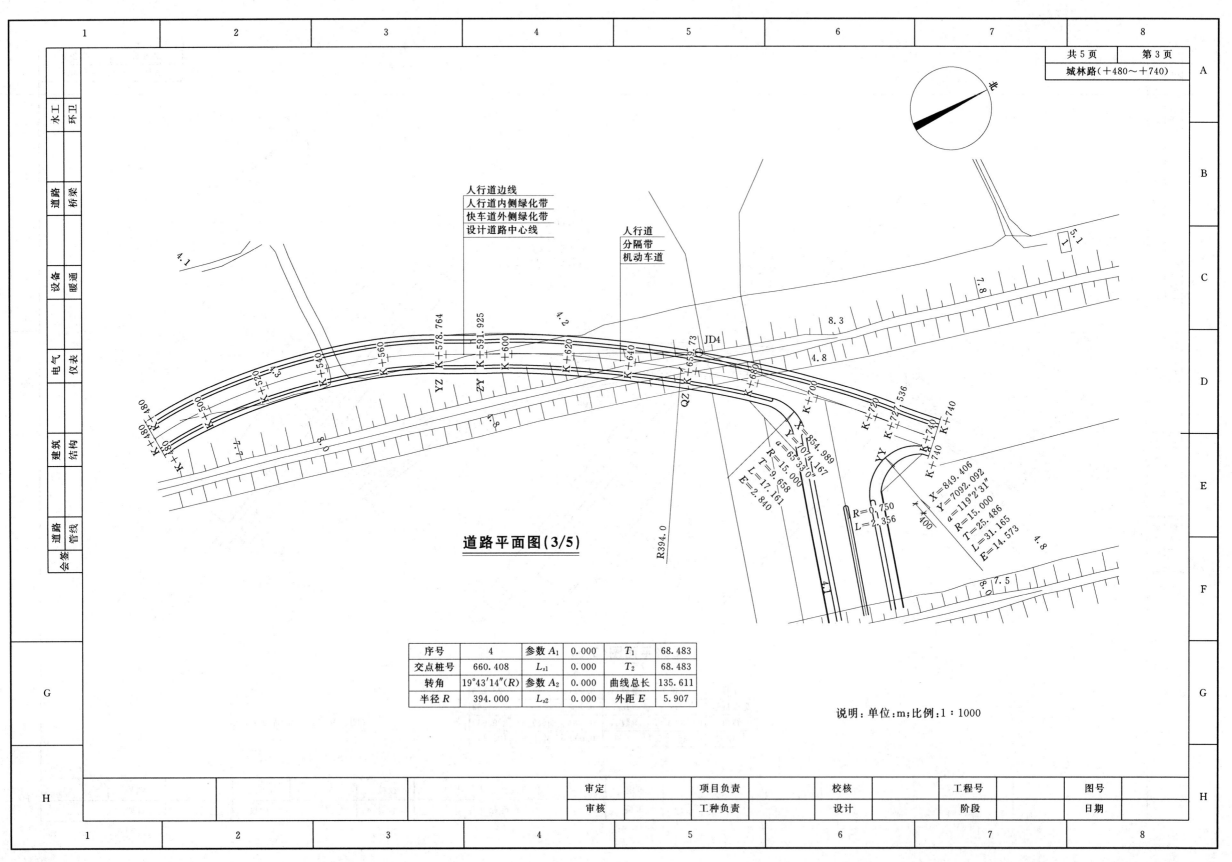

北

人行道边线
人行道内侧绿化带
快车道外侧绿化带
设计道路中心线

人行道
分隔带
机动车道

JD4

YZ K+578.764
ZY K+591.925
K+600
K+620
K+640
QZ K+659.73
K+660
K+680
K+700
K+720
K+740

X=854.989
Y=7014.167
α=63°33′10″
R=15.000
T=9.658
L=17.161
E=2.840

YY K+740
X=849.406
Y=7092.092
α=119°2′31″
R=15.000
T=25.486
L=31.165
E=14.573

R=0.750
L=2.356

R394.0

道路平面图（3/5）

序号	4	参数 A_1	0.000	T_1	68.483
交点桩号	660.408	L_{s1}	0.000	T_2	68.483
转角	19°43′14″(R)	参数 A_2	0.000	曲线总长	135.611
半径 R	394.000	L_{s2}	0.000	外距 E	5.907

说明：单位:m；比例:1：1000

水工
环卫
道路
桥梁
设备
暖通
电气
仪表
建筑
结构
道路
管线
会签

审定		项目负责		校核		工程号		图号	
审核		工种负责		设计		阶段		日期	

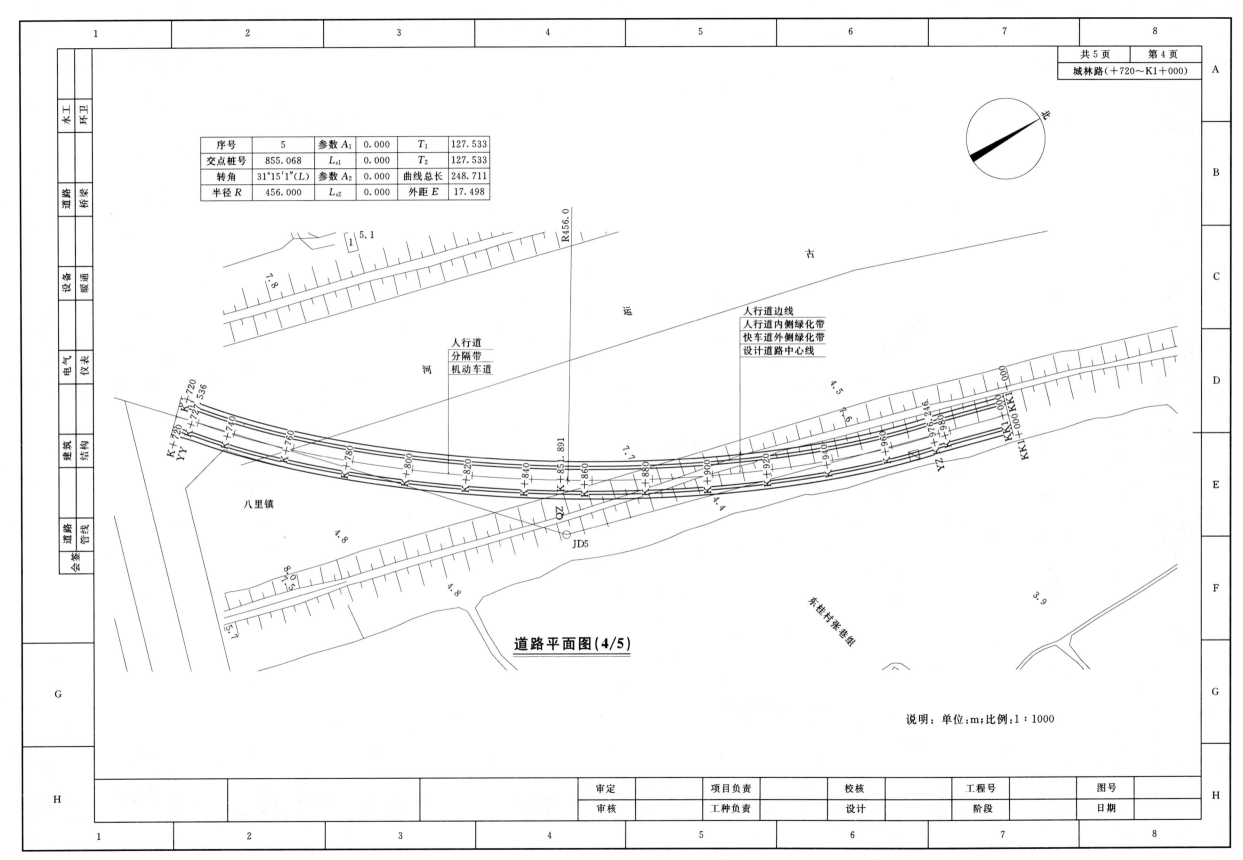

序号	5	参数 A_1	0.000	T_1	127.533
交点桩号	855.068	L_{s1}	0.000	T_2	127.533
转角	31°15′1″(L)	参数 A_2	0.000	曲线总长	248.711
半径 R	456.000	L_{s2}	0.000	外距 E	17.498

道路平面图(4/5)

说明：单位:m;比例:1：1000

审定		项目负责		校核		工程号		图号	
审核		工种负责		设计		阶段		日期	

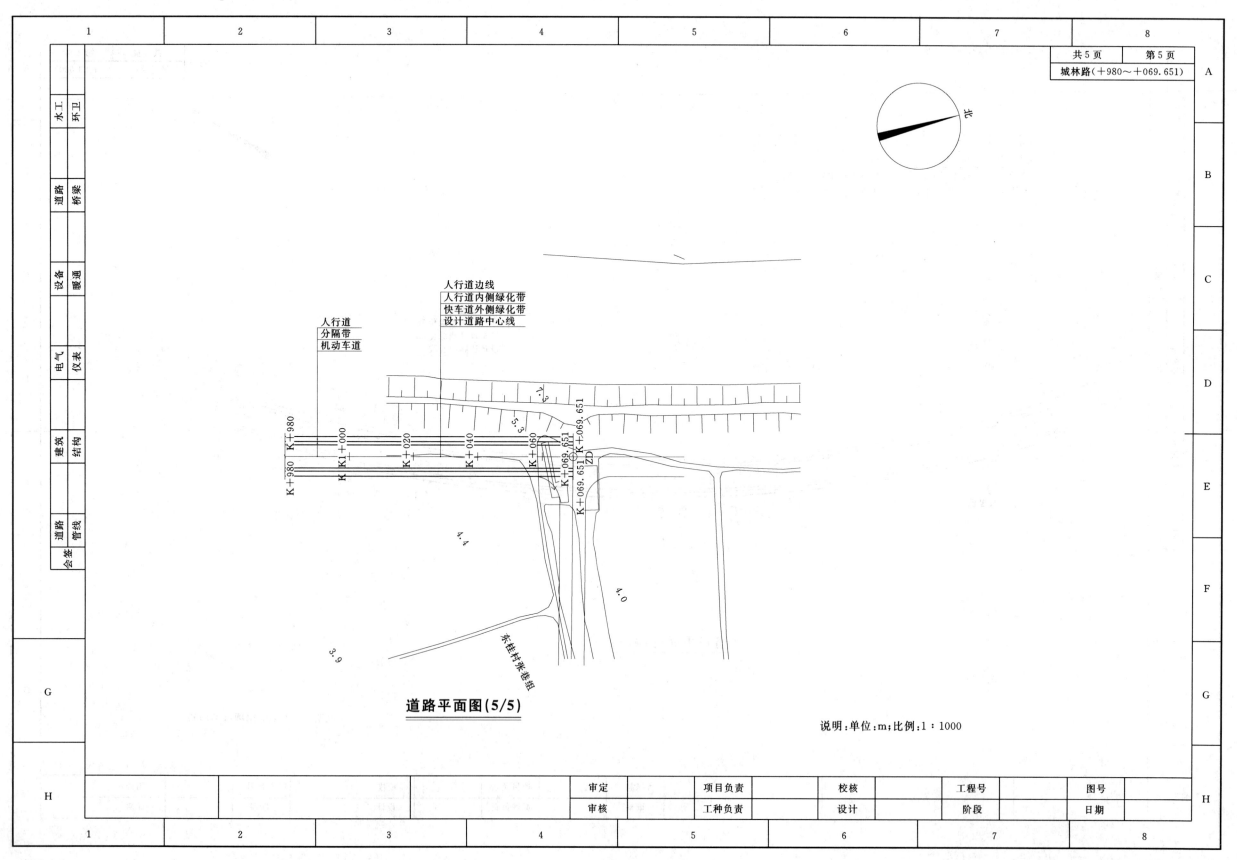

北

人行道边线
人行道内侧绿化带
快车道外侧绿化带
设计道路中心线

人行道
分隔带
机动车道

1.3

5.3

K+980
K+1+000
K+020
K+040
K+060
K+069.651
ZD
K+069.651 K+069.651

K+980
K+1+000
K+020
K+040
K+060
K+069.651
K+069.651

4.4

4.0

3.9

东桂村张巷组

道路平面图(5/5)

说明:单位:m;比例:1：1000

水工	环卫			道路
道路	桥梁			

设备　暖通

电气　仪表

建筑　结构

道路　管线

会签

审定		项目负责		校核		工程号		图号	
审核		工种负责		设计		阶段		日期	

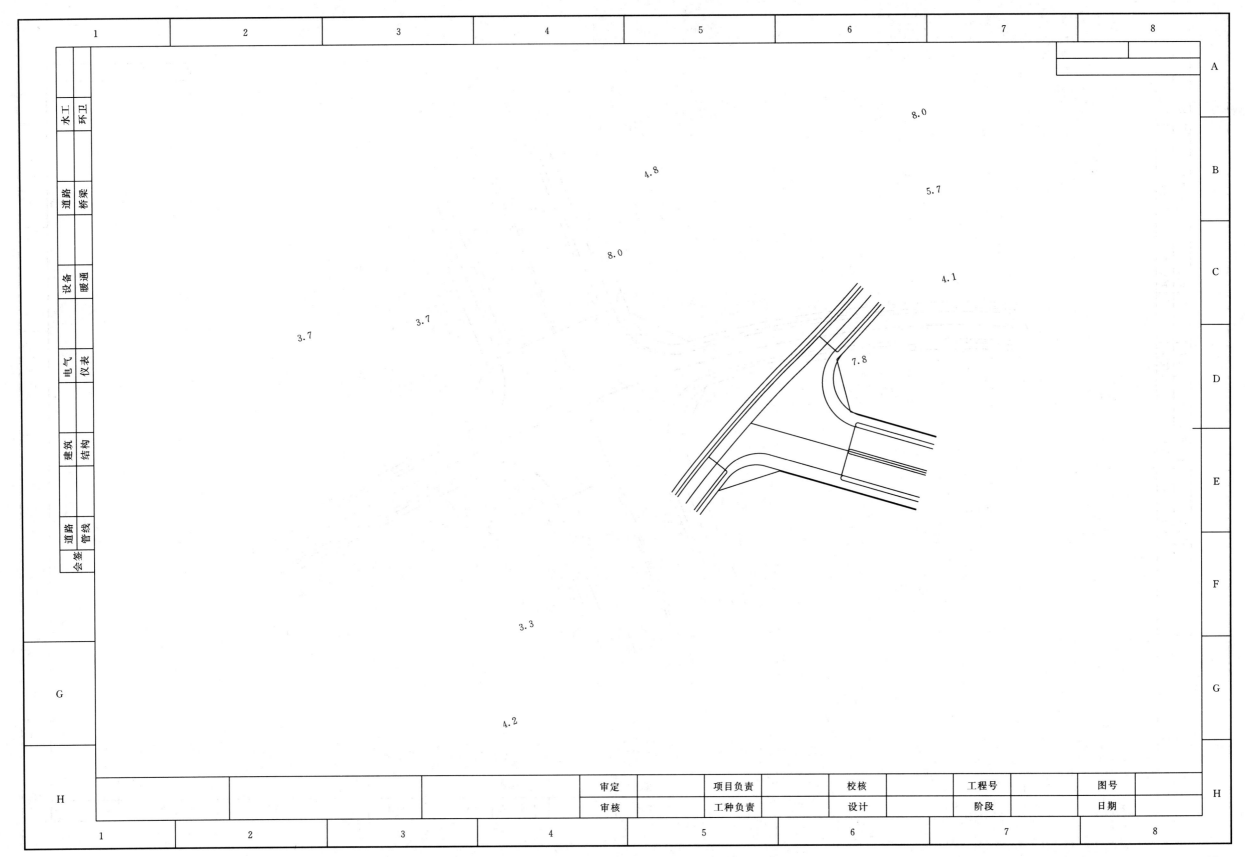

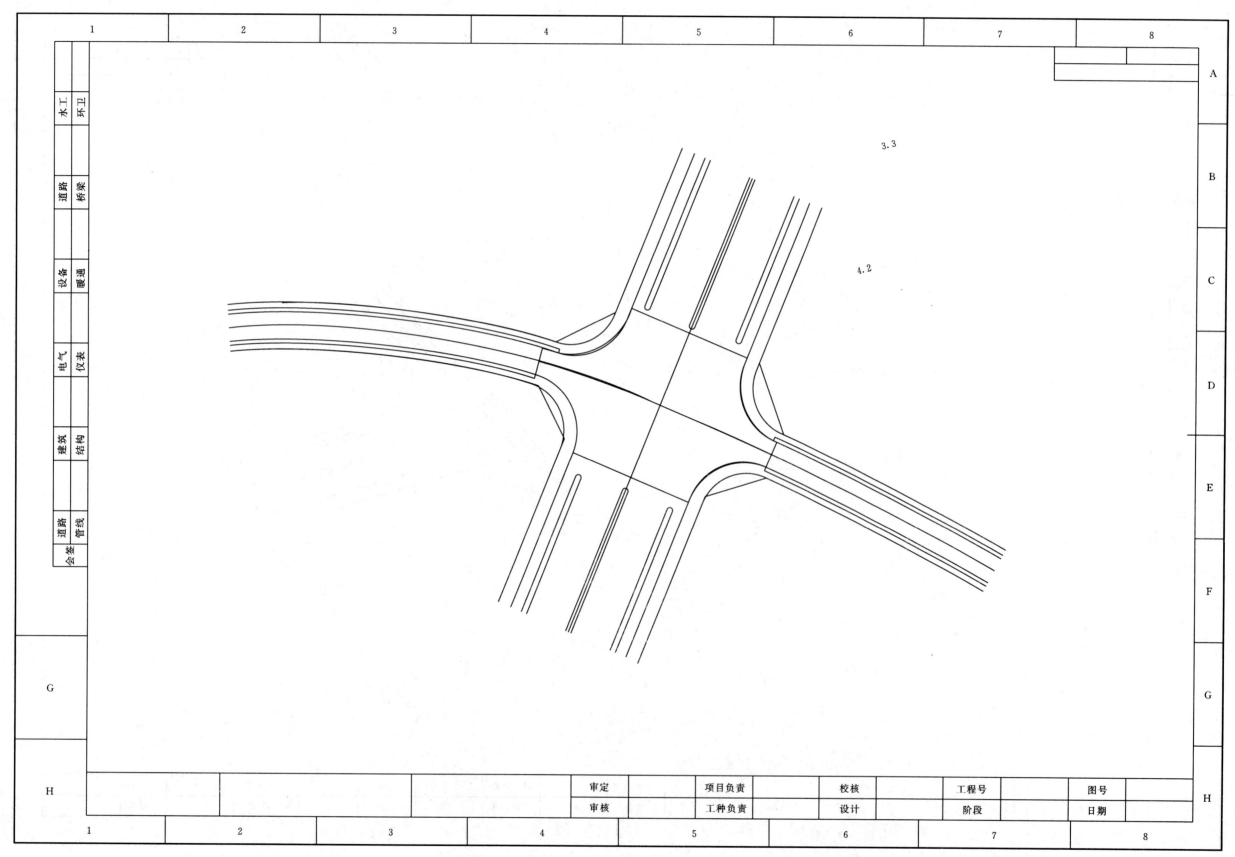

3.3

4.2

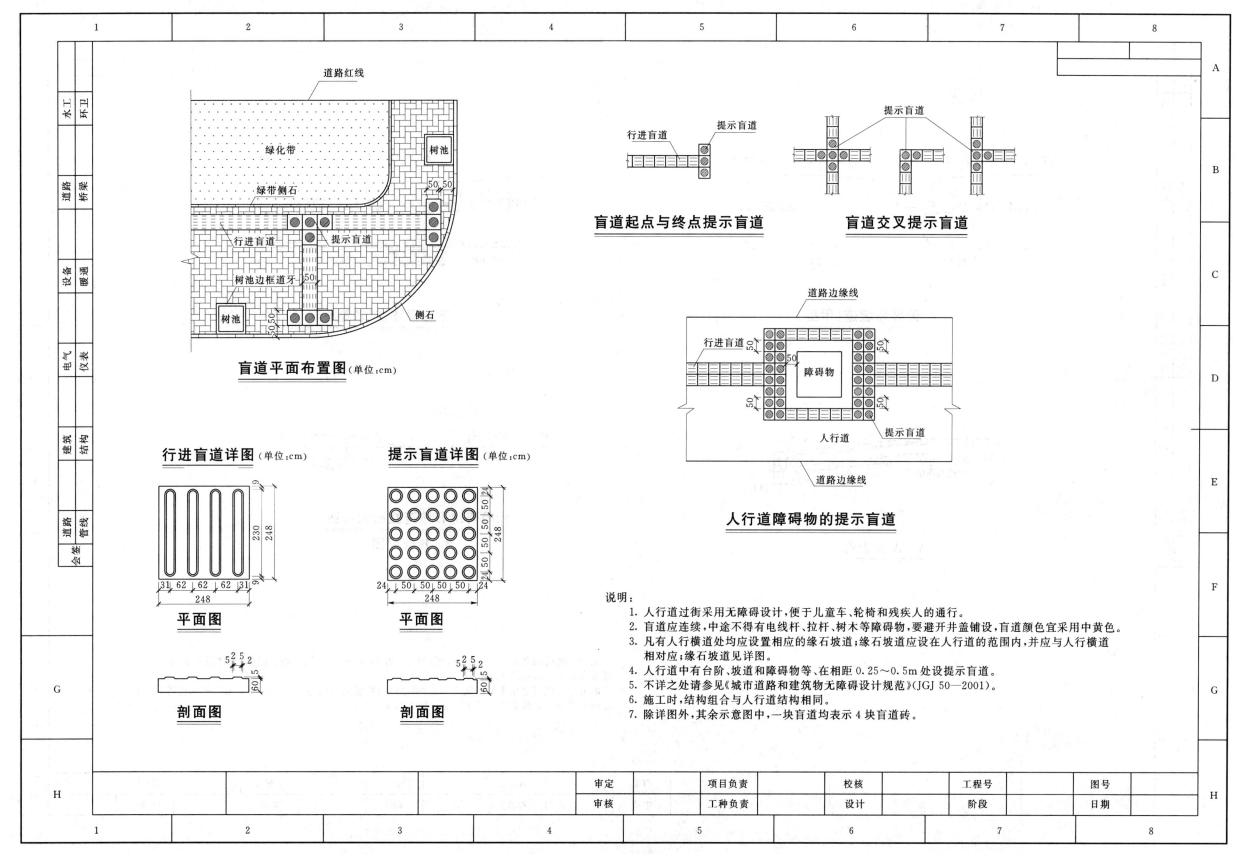

盲道起点与终点提示盲道

盲道交叉提示盲道

盲道平面布置图 (单位:cm)

行进盲道详图 (单位:cm)

平面图

剖面图

提示盲道详图 (单位:cm)

平面图

剖面图

人行道障碍物的提示盲道

说明:
1. 人行道过街采用无障碍设计,便于儿童车、轮椅和残疾人的通行。
2. 盲道应连续,中途不得有电线杆、拉杆、树木等障碍物,要避开井盖铺设,盲道颜色宜采用中黄色。
3. 凡有人行横道处均应设置相应的缘石坡道;缘石坡道应设在人行道的范围内,并应与人行横道相对应;缘石坡道见详图。
4. 人行道中有台阶、坡道和障碍物等,在相距 0.25~0.5m 处设提示盲道。
5. 不详之处请参见《城市道路和建筑物无障碍设计规范》(JGJ 50—2001)。
6. 施工时,结构组合与人行道结构相同。
7. 除详图外,其余示意图中,一块盲道均表示 4 块盲道砖。

审定		项目负责		校核		工程号		图号	
审核		工种负责		设计		阶段		日期	

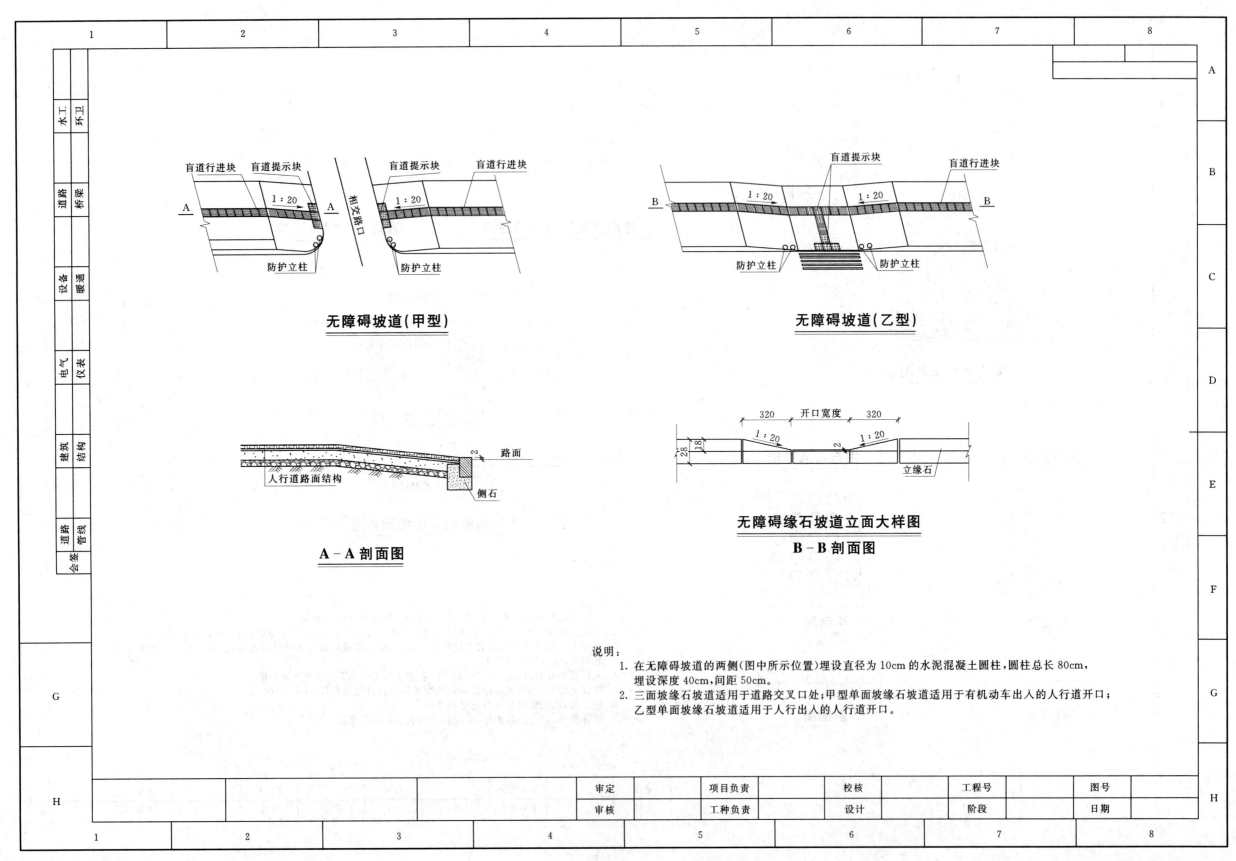

无障碍坡道（甲型）

无障碍坡道（乙型）

A－A剖面图

无障碍缘石坡道立面大样图
B－B剖面图

盲道行进块　盲道提示块　　　　盲道提示块　　盲道行进块

相交路口

1:20　　　　　　　1:20

防护立柱　　　　　　防护立柱

盲道提示块

盲道行进块

1:20　　　1:20

防护立柱　　　防护立柱

路面

人行道路面结构

侧石

320　开口宽度　320

1:20　　　1:20

立缘石

说明：
1. 在无障碍坡道的两侧（图中所示位置）埋设直径为10cm的水泥混凝土圆柱，圆柱总长80cm，
　　埋设深度40cm，间距50cm。
2. 三面坡缘石坡道适用于道路交叉口处；甲型单面坡缘石坡道适用于有机动车出入的人行道开口；
　　乙型单面坡缘石坡道适用于人行出入的人行道开口。

水工	环卫
道路	桥梁
设备	暖通
电气	仪表
建筑	结构
道路	管线
会签	

| 审定 | | 项目负责 | | 校核 | | 工程号 | | 图号 | |
| 审核 | | 工种负责 | | 设计 | | 阶段 | | 日期 | |

116

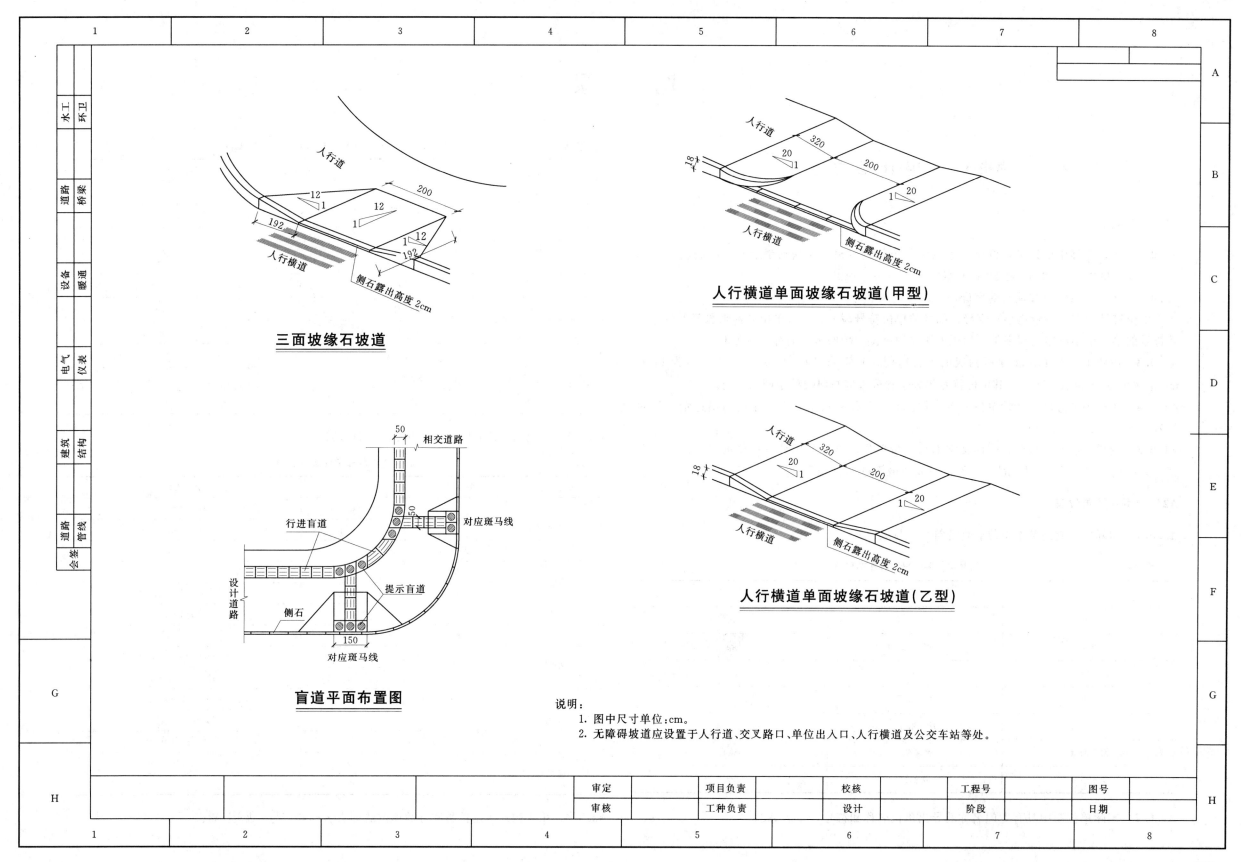

三面坡缘石坡道

人行横道单面坡缘石坡道(甲型)

盲道平面布置图

人行横道单面坡缘石坡道(乙型)

说明:
1. 图中尺寸单位:cm。
2. 无障碍坡道应设置于人行道、交叉路口、单位出入口、人行横道及公交车站等处。

水工	环卫
道路	桥梁
设备	暖通
电气	仪表
建筑	结构
道路	管线
会签	

| 审定 | | 项目负责 | | 校核 | | 工程号 | | 图号 | |
| 审核 | | 工种负责 | | 设计 | | 阶段 | | 日期 | |

附　录

附录A　常用计量单位

A1　一般规定

A1.0.1　工程图样中的计量单位应采用以国际单位制（SI）为基础制定的我国法定计量单位（国家计量局1986年12月29日发布）。

A1.0.2　法定计量单位和词头的字母，一律用正体书写。

单位符号的字母一般用小写字母，如米的单位符号写为m。若单位名称来源于人名，则其符号的第一个字母用大写字母，如压力压强的单位"帕斯卡"的符号写为Pa。

A1.0.3　由两个以上单位相除所构成的组合单位，其符号可写为kg/m^3，也可写为$kg \cdot m^{-3}$。在用斜线表示相除时，其单位符号的分子和分母应与斜线处于同一行内。

A1.0.4　图样中列有同一计量单位的系列数值时，可仅在最末一个数字后写出计量单位的符号，如10m、15m、20m。

A1.0.5　图样中的文字说明，应用文字书写计量单位，不得使用计量单位的符号来代替文字，如应写成"钢筋每米质量"，而不得写成"钢筋每m质量"。

A2　常用计量单位表

A2.0.1　国际单位制的基本单位名称的符号，见表A1。

表A1　国际单位制（SI）的基本单位

量 的 名 称	单 位 名 称	单 位 符 号
长度	米	m
质量	千克（公斤）	kg
时间	秒	s
电流	安［培］	A
热力学温度	开［尔文］	K
物质的量	摩［尔］	mol
发光强度	坎德拉	cd

A2.0.2　国际单位制中具有专门名称的导出单位名称和符号，见表A2。

表A2　国际单位制（SI）中具有专门名称的导出单位

量的名称	单位名称	单位符号	与其等价的表示形式
频率	赫［兹］	Hz	S^{-1}
力，得力	牛［顿］	N	$kg \cdot m/s^2$
压力，压强，应力	帕［斯卡］	Pa	N/m^2
能量，功，热	焦［耳］	J	$N \cdot m$
功率	瓦［特］	W	J/s
电荷量	库［仑］	C	$A \cdot s$
电位，电压	伏［特］	V	W/A
电容	法［拉］	F	C/V
电阻	欧［姆］	Ω	V/A
摄氏温度	摄氏度	℃	

A2.0.3　我国选定的非国际单位制单位名称和符号，见表A3。

表A3　我国选定的非国际单位制单位

量的名称	单位名称	单位符号	换算关系
时间	分	min	1min=60s
	小时	h	1h=60min
	天（日）	d	1d=24h
质量	吨原子	t	1t=1000kg
	质量单位	u	$1u=1.6605655 \times 10^{-27} kg$
体积	升	L	$1L=1dm^3$
长度	海里	nmile	1nmile=1852m
速度	转每分节	r/min	1r/min=(1/60)s−1
		kn	1kn=1nmile/h
角度	角秒	(″)	1″=(1/60)′
	角分	(′)	1′=(1/60)°
	度	(°)	1°=(π/180)rad
动能级差	电子伏	eV	$1eV=1.6021892 \times 10^{-19}J$
	分贝	dB	

A2.0.4　用于构成十进倍数和分数单位的词头名称和符号，见表A4。

表 A4　　　　　　　　用于构成十进倍数和分数单位的词头

所表示的因数	词头名称	词头符号
10^6	兆	M
10^3	千	k
10^2	百	h
10^1	十	da
10^{-1}	分	d
10^{-2}	厘	c
10^{-3}	毫	m
10^{-6}	微	μ

附录 B　复制图纸的折叠方法

B1.0.1 折叠复制图纸时，应将图面折向外方，使图标露在外面。图纸可折叠成 A4 幅面的大小（210mm×297mm），装订的图纸也可折叠成 A3 幅面的大小（297mm×420mm）。

B1.0.2 折叠后需要装订成册的图纸，可采用图 B1～图 B7 的折叠方法。

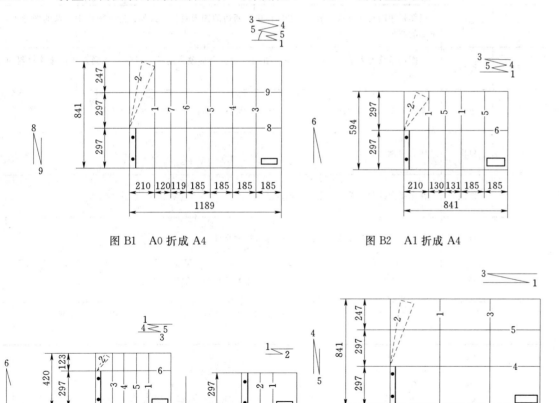

图 B1　A0 折成 A4　　　　　图 B2　A1 折成 A4

图 B3　A2 折成 A4　　　图 B4　A3 折成 A4　　　图 B5　A0 折成 A3

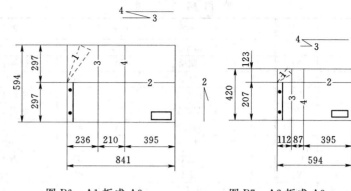

图 B6　A1 折成 A3　　　　　图 B7　A2 折成 A3

B1.0.3 折叠后不装订的图纸，可采用图 B8～图 B11 的折叠方法。

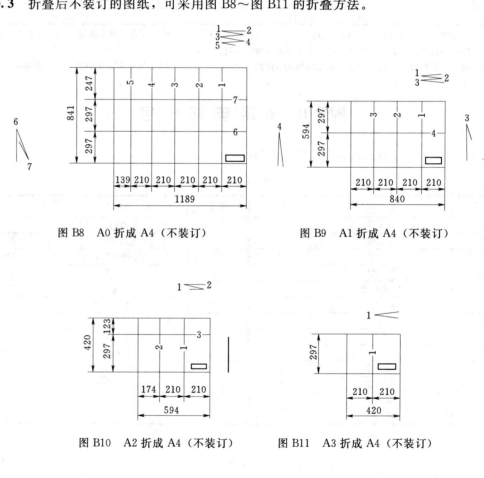

图 B8　A0 折成 A4（不装订）　　　图 B9　A1 折成 A4（不装订）

图 B10　A2 折成 A4（不装订）　　　图 B11　A3 折成 A4（不装订）

附录 C　常用构件代号

C1.0.1 建筑中常用构件代号见表 C1。

表 C1 常 用 构 件 代 号

序号	名称	代号	序号	名称	代号	序号	名称	代号
1	板	B	15	吊车梁	DL	29	基础	J
2	屋面板	WB	16	圈梁	QL	30	设备基础	SJ
3	空心板	KB	17	过梁	GL	31	桩	ZH
4	槽形板	CB	18	连系梁	LL	32	柱间支撑	ZC
5	折板	ZB	19	基础梁	JL	33	垂直支撑	CC
6	密肋板	MB	20	楼梯梁	TL	34	水平支撑	SC
7	楼梯板	TB	21	檩条	LT	35	梯	T
8	盖板或沟盖板	GB	22	屋架	WJ	36	雨蓬	YP
9	挡雨板或檐口板	YB	23	托架	TJ	37	阳台	YT
10	吊车安全走道板	DB	24	天窗架	CJ	38	梁垫	LD
11	墙板	QB	25	框架	KJ	39	预埋件	M
12	天沟板	TGB	26	刚架	GJ	40	天窗端壁	TD
13	梁	L	27	支架	ZJ	41	钢筋网	W
14	屋面梁	WL	28	柱	Z	42	钢筋骨架	G

注 1. 预制钢筋混凝土构件、现浇钢筋混凝土构件、钢构件和木构件，一般可直接采用本附录中的构件代号。在设计中，当需要区别上述构件种类时，应在图纸中加以说明。
2. 预应力钢筋混凝土构件代号，应在构件代号前加注 "Y—"，如 Y—DL，表示预应力钢筋混凝土吊车梁。

附录 D 常 用 管 路 代 号

D1.0.1 工程图样中常用的管路代号见表 D1。

表 D1 常 用 管 路 代 号

序号	名 称	代号	序号	名 称	代号
1	上水管	S	14	车轴油管	Y_{13}
2	下水管	X	15	绝缘油管	Y_{16}
3	污水管	W	16	排污管	PW
4	热水管	R	17	排气管	PQ
5	冷冻水管	L	18	排泥管	PN
6	蒸气管	Z	19	压缩空气管	YS
7	煤气管	M	20	氧气管	YQ
8	油管	Y	21	乙炔管	YI
9	原油管	Y_1	22	通风管	TF
10	柴油管	Y_6	23	鼓风管	GF
11	煤油管	Y_7	24	热鼓风管	GF_1
12	重油管	Y_9	25	冷鼓风管	GF_2
13	润滑油管	Y_{11}			

附录 E 水利水电制图标准名词解释

E1.0.1 水利水电工程制图标准中有关的名词解释见表 E1。

表 E1 本标准中名词解释

序号	名词	说明
1	图纸	指包括已绘图样与未绘图样的带有图标的绘图用纸
2	图纸幅面	指图纸的大小规格，例如：一般工程的图纸，不得多于两种幅面
3	图面	一般指绘有图样的图纸表面情况，例如：图面清晰简明
4	图样	指在图纸上按一定规则、原理绘制的能表示被绘物对象的位置、大小、构造、功能、原理、流程等的图
5	图形	指图样中的几何形状。如：一个图样中，两边的图形对称；又如：这个图样中上部的图形大，下部的图形小
6	图例	用图形示意地表示某种被绘对象。图例一般符合形象、简单、科学的原则，如：建筑材料图例、地质图例
7	图形符号	类似于图例，但比图例更为简化、抽象的画法，如：电气系统图图形符号
8	例图	作为实例的图样
9	图线	在图纸上绘制的符合一定规格的线条
10	标注	指在图纸上绘制图线及注出文字，如：尺寸标注
11	注写	单指在图纸上注出文字、数字等，如：编号应用阿拉伯数字注写
12	尺寸	本标准中 "尺寸" 二字的含义，既包括长度、宽度、高度，也包括角度，实际上是 "度量" 的转义

参 考 文 献

[1]　胡胜利 . 水利水电工程 CAD. 北京：中国水利水电出版社，2004.

[2]　沈刚，毕守一 . 水利工程识图实训 . 北京：中国水利水电出版社，2010.